MANUAL PRÁCTICO DE NEUROVENTAS

Diseño de tapa:
JUAN PABLO OLIVIERI

NÉSTOR BRAIDOT
PABLO BRAIDOT

MANUAL PRÁCTICO
DE NEUROVENTAS

Ejercicios, situaciones y casos
para poner a prueba nuestro cerebro
en las ventas

GRANICA

ARGENTINA - ESPAÑA - MÉXICO - CHILE - URUGUAY

© 2017 *by* Ediciones Granica S.A.

ARGENTINA
Ediciones Granica S.A.
Lavalle 1634 3º G / C1048AAN Buenos Aires, Argentina
Tel.: +54 (11) 4374-1456 Fax: +54 (11) 4373-0669
granica.ar@granicaeditor.com
atencionaempresas@granicaeditor.com

MÉXICO
Ediciones Granica México S.A. de C.V.
Valle de Bravo N° 21 El Mirador Naucalpan - Edo. de Méx.
53050 Estado de México - México
Tel.: +52 (55) 5360-1010 Fax: +52 (55) 5360-1100
granica.mx@granicaeditor.com

URUGUAY
Tel: +59 (82) 413-6195 FAX: +59 (82) 413-3042
granica.uy@granicaeditor.com

CHILE
Tel.: +56 2 8107455
granica.cl@granicaeditor.com

ESPAÑA
Tel.: +34 (93) 635 4120
granica.es@granicaeditor.com

www.granicaeditor.com

GRANICA es una marca registrada

ISBN 978-950-641-934-9

Hecho el depósito que marca la ley 11.723

Impreso en Argentina. *Printed in Argentina*

Braidot, Néstor Pedro
   Manual práctico de neuroventas / Néstor Pedro Braidot ;
Pablo Augusto Braidot Annecchini. - 1a ed. - Ciudad Autónoma
de Buenos Aires : Granica, 2017.
   160 p. ; 22 x 15 cm.

   ISBN 978-950-641-934-9

   1. Neurociencias. I. Braidot Annecchini, Pablo Augusto
II. Título
   CDD 612.825

Dedico este libro a Milena, una nueva luz que desde hace escasos tres años ilumina mis días.

Índice

Primera Parte
EL CEREBRO
Cómo compran ellos, cómo compran ellas

Segunda Parte
MÉTODO DE VENTA NEURORRELACIONAL

Tercera Parte
DESARROLLO COMUNICACIONAL DEL VENDEDOR

Cuarta Parte
CASOS DE INTEGRACIÓN

Agradecimientos

Agradezco, en primer lugar a quienes en diferentes países se han formado con nuestra metodología de "Venta Neurorrelacional" durante tantos años. Recordemos que, en un sentido lato, todos somos vendedores.

Gracias a experiencias en realidades muchas veces completamente diferentes en términos empresariales y socioculturales (Europa, Estados Unidos, Hispanoamérica), hemos podido perfeccionar un método en el que venimos trabajando desde hace más de 20 años y, paralelamente, escribir este manual con ejercicios, propuestas lúdicas y actividades que hagan de la venta no solo un medio de vida, sino también una profesión placentera.

Agradezco especialmente a mi hijo, Pablo Augusto Braidot, coautor y autor de varias de las prácticas que hallarán en esta obra, y a la Dra. Clara Bonfill y su equipo por su gran aporte en materia de recursos pedagógicos.

Un reconocimiento especial a mis asistentes, María Paz Linares y Viviana Brunatto, por su permanente colaboración en tan ardua tarea. A Gabriela Scalamandré y Claudio Iannini de Editorial Granica por su apoyo constante a mi trabajo como autor.

A todos, muchas gracias.

NÉSTOR BRAIDOT

Presentación

Usted ya ha leído la obra *Neuroventas. Conozca cómo funciona el cerebro para vender con inteligencia y resultados exitosos*. Conoce, entonces, los principios fundamentales del cerebro y su funcionamiento; el cerebro emocional y las características distintivas entre el cerebro masculino y el femenino. Pero no solo esto, también sabe cuáles son las herramientas que permiten emplear, de manera óptima, los principios de la venta neurorrelacional y acceder a los avances de la neurocomunicación que pueden aplicarse en la comunicación interpersonal y mediada. Y como "broche de oro" ha podido conocer de manera breve y fácil la dinámica del funcionamiento del desarrollo neurocognitivo y emocional del vendedor. ¡Ahora es el momento de ejercitar lo que ha venido leyendo!

Este manual práctico, que complementa el libro *Neuroventas*, tiene por finalidad acercarle situaciones, ejercicios, casos y actividades de autorreflexión para que usted, al llevarlas a cabo, tenga la oportunidad de afianzar lo leído ¡y de ponerse a prueba!

Hemos hecho un desarrollo práctico para que encuentre, en estas páginas, la ejercitación necesaria que lo ayude a sentirse seguro y aumente su eficiencia en las acciones de venta.

Usted puede ser profesional del marketing, docente o estudiante: en cada caso este manual lo ayudará a aplicar de manera concreta la teoría del Neuromarketing.

Si usted es profesional de marketing

A través de este manual práctico podrá integrar los aportes de la neurociencia con el propio marketing. Constituye un valioso insumo de trabajo en tanto ofrece múltiples ejercicios, situaciones y casos que podrá usar en contextos de capacitación organizacional y en la venta.

Si usted es docente

Al tratarse de un manual práctico de Neuromarketing, encontrará en sus páginas una gran cantidad y variedad de ejercitaciones que podrá utilizar para la preparación o el desarrollo de sus clases. Las orientaciones de respuesta le serán de utilidad para debatir con sus estudiantes; incluso, para pensar con ellos otras posibilidades de solución.

Si usted es estudiante

¿Para qué sirve esto que estoy aprendiendo? ¿Cómo puedo aplicarlo? Son algunas de las preguntas que suele hacerse todo estudiante. En respuesta a estas inquietudes incluimos numerosos ejercicios de aplicación a la vida diaria. Por eso decimos sin temor a equivocarnos que el libro *Neuromarketing* más este manual permiten relacionar la teoría con la práctica.

Estructura de la obra

El manual consta de cuatro partes perfectamente definidas, y en cada una de ellas hay ejercicios, prácticas y casos.

- La primera refiere al cerebro: ¿cómo compran ellos, cómo compran ellas?
- La segunda presenta el Método de venta neurorrelacional.
- La tercera indaga y ejercita el desarrollo comunicacional del vendedor.
- La cuarta propone una serie de casos para que usted pueda aplicar la teoría en la resolución de las situaciones allí planteadas.

Plan de acción

Para colaborar con la organización de su lectura, le proponemos el siguiente plan de trabajo:

- Primer paso: tener cerca el libro *Neuroventas*
  Tenga junto con este manual el libro *Neuroventas*. Esto le permitirá recurrir a él las veces que lo necesite para releer la teoría allí descripta y, con ella, resolver las propuestas que se le presentan.

- Segundo paso: tener a mano un bolígrafo o una computadora
  Con el bolígrafo o a través de su computadora podrá ir escribiendo las respuestas de los ejercicios y situaciones.

- Tercer paso: iniciar con los ejercicios de reflexión
  Cada una de las cuatro partes del manual comienza con un trabajo de reflexión, para ahondar en nosotros mismos nuestra forma de ser y proceder. Le recomendamos no saltearlo ni dejarlo para otro momento.

- Cuarto paso: resolver las situaciones y las actividades
  Este manual propone una variedad de situaciones y actividades, las cuales tienen por finalidad que ponga en acción la teoría leída en el libro *Neuromarketing*.

- Quinto paso: leer las Claves de orientación
  Encontrará, al terminar cada parte, las orientaciones correspondientes. Comparando estas con sus propias acciones y respuestas podrá valorar, usted mismo, el logro de lo aprendido a través del estudio del libro *Neuroventas*. *Conozca cómo funciona el cerebro para vender con inteligencia y resultados exitosos.*

Para conocer más detalles sobre cursos, investigaciones y actividades del Método Braidot de Neuroventas, le recomendamos ir a www.braidot.com

....

Primera Parte

EL CEREBRO

Cómo compran ellos, cómo compran ellas

Actividades

◇◇

Actividad 1: Autorreflexión. ¿Cómo soy como comprador?

Sócrates, uno de los mejores y más creativos vendedores de su tiempo, creía que antes de llegar a comprender los problemas de los demás, había que mirarse uno mismo y conocerse mejor. Como vendedores, le proponemos considerar este consejo e intentar ver cómo sus características como comprador pueden influir en el proceso de venta. Puede invitar a colegas y amigos a responder las mismas preguntas. Hecho esto, compare estas respuestas con las suyas y extraiga conclusiones.

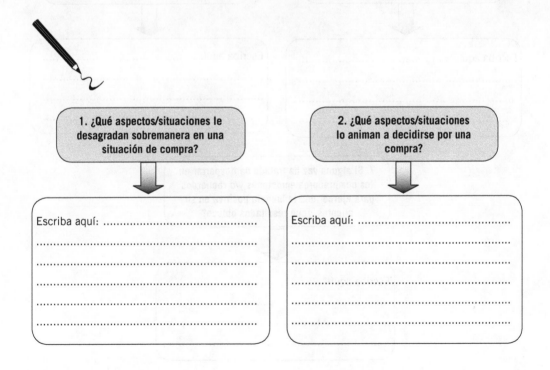

1. ¿Qué aspectos/situaciones le desagradan sobremanera en una situación de compra?

Escriba aquí: ....
....
....
....
....
....

2. ¿Qué aspectos/situaciones lo animan a decidirse por una compra?

Escriba aquí: ....
....
....
....
....
....

3. ¿Puede "manejar" las situaciones de desagrado? Si así fuera, ¿cómo lo logra?

Escriba aquí: ....
....
....
....

4. ¿Podría identificar el origen de esas situaciones de desagrado (algo sucedido en su infancia, en el colegio, en su familia...)?

Escriba aquí: ....
....
....
....

5. ¿Qué esperaría que hiciera el vendedor para que usted fuera capaz de sortear ese sentimiento/percepción que le dificulta/impide concretar una compra?

Escriba aquí: ....
....
....
....

6. ¿Cree que en algunas oportunidades ha adquirido un producto/servicio influenciado porque las características del punto de venta, el trato amable y profesional del vendedor, las connotaciones de la marca, lo retrotrajeron a experiencias gratas, vividas en algún momento de su vida?

Escriba aquí: ....
....
....
....

7. Si alguna vez ha tratado de despertar en los compradores emociones y/o recuerdos para ejercer una influencia positiva en sus clientes, ¿qué resultados obtuvo?

Escriba aquí: ....
....
....
....

Actividad 2: Así en la vida como en la venta

"El poder de nuestras creencias y expectativas influye en las personas que nos rodean. El concepto que tenemos de nosotros mismos se ha ido creando influido por las perspectivas y las imágenes que han tenido y tienen los demás. En nuestra niñez crecimos influenciados por nuestros padres. También los compañeros y maestros que tuvimos en la escuela y hasta nuestros amigos han influido a la hora de crear nuestra imagen. Esto tiene repercusiones tanto a nivel personal como en el ámbito laboral…".

("Cómo nos influyen las expectativas de los demás"
Diario *El País*, Madrid, 23/8/2013)

A partir de estas reflexiones, responda:

1. Quiero ver una película de acción y mi novia no quiere acompañarme porque no le interesa el género. ¿Qué puedo hacer?

Escriba aquí: ....
....
....
....
....

2. Mi hijo no quiere lavarse los dientes luego de cada comida. ¿Qué puedo hacer para generarle el hábito?

Escriba aquí: ....
....
....
....
....

3. Estamos planeando mudarnos pero mi pareja no se interesa por recorrer y visitar opciones. ¿Cómo puedo generarle interés?

Escriba aquí: ....
....
....
....
....

Actividad 3: Expectativas de los compradores

A partir de las expectativas que se manifiestan a través de los testimonios de tres compradores, especifique las actividades y habilidades que deberían reunir los vendedores para controlar el sistema de recompensa de esas tres personas.

Las que siguen son respuestas reales de compradores reales ante la pregunta: *¿Cómo le gusta ser atendido cuando va a comprar?* Detecte en estas respuestas cuáles son las claves que da el comprador y que deberían ser identificadas por los vendedores para concretar las ventas.

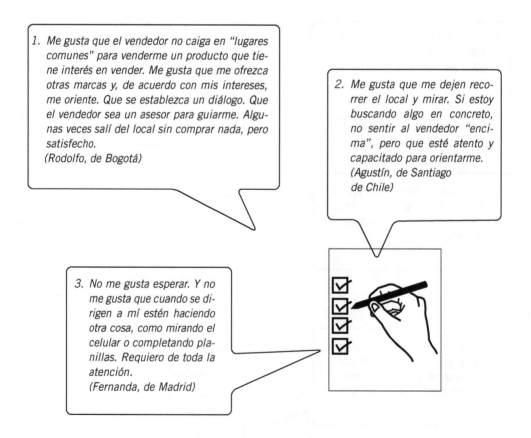

1. *Me gusta que el vendedor no caiga en "lugares comunes" para venderme un producto que tiene interés en vender. Me gusta que me ofrezca otras marcas y, de acuerdo con mis intereses, me oriente. Que se establezca un diálogo. Que el vendedor sea un asesor para guiarme. Algunas veces salí del local sin comprar nada, pero satisfecho.*
   (Rodolfo, de Bogotá)

2. *Me gusta que me dejen recorrer el local y mirar. Si estoy buscando algo en concreto, no sentir al vendedor "encima", pero que esté atento y capacitado para orientarme.*
   (Agustín, de Santiago de Chile)

3. *No me gusta esperar. Y no me gusta que cuando se dirigen a mí estén haciendo otra cosa, como mirando el celular o completando planillas. Requiero de toda la atención.*
   (Fernanda, de Madrid)

Actividad 4: Sistema de recompensa

Si usted fuese vendedor de Sabores, una tradicional casa de quesos y fiambres, ¿cómo estimularía el sistema de recompensa cerebral de estos clientes? Elija la opción de respuesta que considere más apropiada para cada caso y, luego, compare su solución con la nuestra.

1. Cliente A Un hombre de aproximadamente 70 años que suele comprar en el local.	a. Le sugeriría degustar algunos productos nuevos haciéndole comentarios sobre su calidad. b. Lo saludaría y le preguntaría qué productos desea comprar. c. Ninguna de las anteriores.
2. Cliente B Una señora que nunca compró en Sabores y se acercó por recomendación de amigos.	a. Le preguntaría cuáles son los quesos y embutidos que más le agradan. b. La invitaría a probar los productos de su preferencia. c. Todas las anteriores.
3. Cliente C Un joven que acaba de mudarse por la zona y está conociendo los comercios del barrio.	a. Le haría un relato sobre la historia del local en la zona. b. Le entregaría un folleto comentándole las características de los productos. c. Todas las anteriores.
4. Cliente D Una señora, descendiente de españoles, clienta de Sabores desde hace años.	a. Le daría algún obsequio de la casa a modo de reconocimiento por habernos elegido. b. Le comentaría cuáles son los nuevos productos. c. Todas las anteriores.
5. Cliente E Una pareja joven que viene con frecuencia al local para comprar productos en promoción.	a. Indagaría sobre sus experiencias con nuestros productos y les ofrecería otros acordes a sus posibilidades. b. Les preguntaría qué productos desean comprar en esta oportunidad. c. Ninguna de las anteriores.
6. Cliente F Un hombre de mediana edad que ingresó al local después de mirar la vidriera.	a. Prestaría atención a las expresiones del potencial cliente para hacer alguna acotación pertinente. b. Lo acompañaría a la vidriera o a las góndolas para ver los productos e indagar sobre sus preferencias. c. Todas las anteriores.

Actividad 5: Neuronas espejo

Hacer lo mismo que aquel al que admiramos es la característica distintiva de las neuronas espejo. Desde ese lugar, lea la situación, analice el comportamiento de la persona involucrada y, luego, responda las preguntas.

Al caminar por la calle, de vacaciones, viendo vidrieras, alguien se detiene frente a un local de venta de ropa deportiva y observa las siguientes imágenes publicitarias:

Luego de ver las imágenes, ingresa al local y pregunta por remeras de tenis y si hay descuentos para esa ropa. La atiende un vendedor experto en deportes, y entre ambos se establece una conversación acerca, primero, de las mejores marcas deportivas actuales que deriva, luego, en una charla acerca del *top ten*.

Según el neuromarketing:

- ¿Qué pudo llevar a la compradora a decidir ingresar al local?
- ¿Por qué hablamos de compradora y no de comprador?
- ¿Cómo debería comportarse el vendedor frente a las consultas de la clienta?

Actividad 6: ¿Hemisferio izquierdo o hemisferio derecho?

Ubique las características personales (que podrían presentar los clientes) en los casilleros disponibles, según el hemisferio cerebral que corresponda.

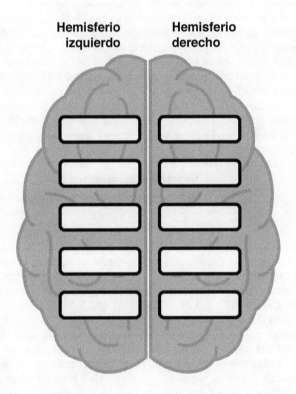

Hemisferio izquierdo   **Hemisferio derecho**

Características personales

| Emotivo | Evaluador | Intuitivo | Detallista | Ordenado |
| Creativo | Innovador | Crítico | Lúdico | Analítico |

Actividad 7: El dominio cerebral en diferentes clientes

Analice las diferentes situaciones de compra que presentamos a continuación. ¿Qué hemisferio predomina en cada una de ellas?

Ingresa al local de electrodomésticos un cliente que no da mucha orientación acerca de lo que está buscando. Es callado y al vendedor le cuesta dialogar formalmente con él para llegar a comprender sus gustos o conocer los detalles del producto que está requiriendo. Por tal motivo, ofrece estar a disposición y lo deja circular tranquilamente por el local. De pronto, el cliente se detiene frente a los artículos de calefacción y comienza a analizar y evaluar el funcionamiento de los distintos calefactores. Es crítico con el diseño de alguno de ellos y pone en duda su buen funcionamiento, dada la ergonometría del artefacto. Es en ese momento que pide la colaboración del vendedor (el cual está atento a esto) y comienza a efectuarle una serie de preguntas acerca del precio, traslado, etc.

1. Predominio del hemisferio ....

Un cliente necesita comprar un departamento. El vendedor inmobiliario le ofrece una guía impresa, con mapas e ilustraciones de los departamentos en venta. El interesado analiza cada uno de ellos, detalle por detalle: calcula medidas, solicita precisiones de orientación, antigüedad de cada edificio, etc. Selecciona varios de los inmuebles y acuerda con el vendedor días y horarios de visita.
En cada una de dichas visitas, el vendedor registra el mismo comportamiento de su cliente: de manera meticulosa, observa cada detalle, los colores de los cuartos, el tamaño de cada habitación, el estado y mantenimiento de los artefactos eléctricos y sanitarios. En definitiva, examina todos los detalles antes de tomar una decisión. Incluso, convoca a un arquitecto amigo para hacerle algunas preguntas acerca del estado general de los edificios. El vendedor inmobiliario debe invertir mucho tiempo en este cliente, aunque sabe que si lo orienta de manera ordenada, le da explicaciones fundamentándose en argumentos claros y precisos, este puede llegar a adquirir una de las propiedades y ser más adelante un fiel cliente o un buen referente de la inmobiliaria.

2. Predominio del hemisferio ....

Susana acude con una adolescente (al poco tiempo la peluquera sabrá que se trata de una de sus hijas) a una peluquería. Están en búsqueda de un peinado para la fiesta de quince años de una de las mejores amigas de la chica. Es un evento muy importante y por ello, Valentina (la adolescente) y su mamá, están muy interesadas en que luzca espléndida. La peinadora le muestra unos catálogos con diferentes posibilidades y hace algunas muestras sobre el mismo cabello de la joven. La madre pone reparos en cada una de las posibilidades y se distrae preguntando acerca de los accesorios y el maquillaje que podrían acompañar el peinado. Insiste en ver más revistas. Se entusiasma con la posibilidad de cambiar el color de su propio cabello e incluso, por un momento, deja de lado el motivo de la consulta para comenzar a preguntar acerca de su propio corte de pelo y solicitar orientación de un corte de cabello para ella. En tanto, la hija, poco y nada opina y se "deja llevar" por las opiniones y decisiones de su mamá.

3. Predominio del hemisferio ....

Rafael, un niño, acaba de superar una larga enfermad que lo mantuvo internado algunas semanas en un centro médico. Los padres, sabiendo del amor a los animales que Rafael tiene y, a modo de gratificación por la dolorosa situación que tuvo que atravesar, deciden regalarle un cachorrito. Para ello, se acercan a la veterinaria del barrio. Ellos tienen en claro que el animalito debe ser macho y pequeño de tamaño cuando crezca. No conocen mucho de razas caninas, por lo cual se dejan asesorar por el veterinario. Este les da un listado de razas que se ajustan a las necesidades del matrimonio y, luego, les presenta algunos cachorritos que están allí mismo, en la veterinaria. Ambos están encantados con los animalitos y se muestran afectuosos con ellos. Sin embargo, no pueden optar por uno u otro animal. Deciden, entonces, postergar la compra unos días para pensarlo mejor y, quizás, involucrar en la elección a Rafael, aunque ya no sería una sorpresa.

4. En ambos padres, predomina el hemisferio ....

Actividad 8: ¿Qué hemisferio cerebral predomina en estos clientes?

Supongamos que los siguientes clientes se acercan a una empresa dedicada a la venta de tecnología, electrodomésticos y artículos para el hogar, e inician contacto con un vendedor. Identifique el hemisferio cerebral que predomina en cada uno de estos clientes.

Clientes	Hemisferio derecho	Hemisferio izquierdo
1. *Tengo en casa un televisor que era de mi tía, que falleció hace varios años ya. Era tan generosa conmigo, tan cálida. Lo tengo guardado en el cuarto que era de mi hijo... A veces estoy allí y miro alguna novela, pero no está funcionando bien y quiero tener algo más nuevo.* *Soy una persona activa, me gusta aprender... me encanta pintar, colecciono cuadros...* *¿Qué modelos tiene? Discúlpeme, me está llamando una amiga.... Hola Ana, ¿cómo estás? Estoy ocupada, te llamo luego. Besos.* *¿En qué estábamos?* (Dirigiéndose al vendedor). *Además de televisores, ¿qué celulares tiene para mostrarme? Me vendría muy bien renovar mi tecnología, no puedo quedarme tan atrás en el tiempo... Quiero comunicarme mejor con mis nietos. Vio que ellos son muy hábiles con lo tecnológico, y yo tengo que ponerme al día con las novedades.*		
2. *Buenos días. Me acerqué hasta aquí porque preciso una tablet. Ya vi algunas a través de la página web, pero prefiero mirarlas personalmente para elegir la que mejor se adapte a mis necesidades y a mi presupuesto.* *Estoy buscando una que tenga buena memoria RAM. ¿Qué puede ofrecerme? ¿Cuáles son los precios?*		
3. *Buenas tardes. Estoy buscando un lavarropas automático, que puede ser de carga superior o frontal. Lo que más me interesa es que sea pequeño para poder instalarlo sin problemas en el lavadero de mi casa. Acabo de mudarme y necesito solucionar el tema del lavado.* *¿Qué modelos y marcas tienen? ¿Cuáles me recomendaría? ¿Por qué? ¿El envío a domicilio tiene algún costo? ¿Cómo es el servicio de posventa que ofrecen?*		

Clientes	Hemisferio derecho	Hemisferio izquierdo
4. Buen día. Hace tiempo que no venía a este local. Está muy cambiado, muy modernizado, casi no lo reconozco. Recuerdo su inauguración, fue todo un acontecimiento para la zona, en aquella época. Muchas generaciones de vecinos pasaron por aquí, yo vine muchas veces con mis padres, siendo una niña. Usted no sabe la cantidad de productos que compramos... Estoy necesitando un equipo de aire acondicionado. ¿Puede mostrarme los que tiene? ¿Usted es de la zona? ¿Conoce la historia de este comercio? Tendrían que colocar algunas fotos de su fundación...		

Actividad 9: Marcadores somáticos en la literatura

Complete, para cada situación, el o los marcadores somáticos que pueda reconocer y explique cuál sería su influencia en una situación de compra.

1. *Es curioso. Si voy hacia atrás y trato de rastrear mis primeras vivencias del tenis, no encuentro nada parecido a esos domingos en que el fútbol se respiraba en las calles, ni esas ráfagas de boxeo que yo veía en los noticieros del cine y gracias a las cuales conocí las excentricidades de Gatica y veneré a Pascualino Pérez. Lo que encuentro en mis orígenes es una imagen que, más que con una pasión deportiva, tiene que ver con los ensueños que en mí provocaban los relatos de mi madre, quien tenía la virtud de comunicarme (como se narra un cuento maravilloso) las inagotables formas de su deseo. Esta imagen de la que hablo proviene de uno de sus deseos. En ella está mi madre, casi adolescente, sentada en el umbral de su casa un domingo al atardecer y mirando con nostalgia, o tal vez con envidia, a una muchacha de piel tostada y ropa deportiva que viene por la vereda trayendo en la mano una raqueta de tenis. Lo que yo veía en la muchacha de la raqueta era el espejismo de opulencia de una chica pobre que amaba el lujo y el tenis, los que, en su imaginación, configuraban una misma cosa inalcanzable.* Extraído de *Cuentos de tenis*, Prólogo de Liliana Heker, Ed. Alfaguara.

2. *De niño, en lugar de los clásicos de la literatura, leía los horarios internacionales de ferrocarril y me entretenía haciendo, con mi imaginación, las conexiones perfectas entre ignotas ciudades de Europa. Esta fascinación con los horarios ferroviarios me permitió lograr un excelente conocimiento de la geografía europea. Treinta años después, como director del Laboratorio de Multimedios del Instituto Tecnológico de Massachusetts (MIT), me vi envuelto en un acalorado debate, a nivel nacional, sobre la transferencia de tecnología de las investigaciones realizadas en las universidades de Estados Unidos a empresas extranjeras. Con relación a este tema, fui convocado a dos reuniones. En ambas reuniones se servía agua mineral Evian, en botellas de vidrio, de un litro. A diferencia de la mayoría de los participantes, yo sabía exactamente, gracias a aquellos horarios de ferrocarriles de mi infancia, dónde queda Evian (...). Hoy pienso que mi historia sobre el agua mineral Evian no solo tiene que ver con el tema de agua mineral francesa vs. agua mineral estadounidense sino con los átomos y los bits.* Extraído de *Ser Digital*, de Nicholas Negroponte.

3. *Cada persona hereda y construye una serie de valores que le facilita abordar distintas actividades y relacionarse con los otros individuos (...). Cada objeto que elegimos como patrimonial guarda y sostiene valores: aquellos por los que lo declaramos, y aquellos que le adherimos.* Extraído del libro *Raíces*, de Alex Haley.

4. *Los Donuts de la marca Panrico, al tener un aroma único, lograron que la generación de niños de los años 70-80 entraran en la panadería a comprar un "Donut" antes de ir al colegio para tomarlo en el recreo. Ya pasada su infancia, cada vez que vuelven a comprar Donuts para sus hijos les viene a la memoria aquellos entrañables recuerdos de su infancia yendo todas las mañanas a comprar... Los Donuts estaban íntimamente ligados a los recuerdos de su infancia.* Relato extraído de *Los aromas y su utilidad para el márketing*, de Vega del Fresno.

- **Situación 1:** ....
....
....
....
....

- **Situación 2:** ....
....
....
....
....

- **Situación 3:** ....
....
....
....
....

- **Situación 4:** ....
....
....
....
....

Actividad 10: Cómo identificar marcadores somáticos

Elija la opción de respuesta que considere más apropiada para cada una de las situaciones presentadas y ubíquela en el recuadro que corresponda.

SITUACIONES

CÓMO IDENTIFICAR MARCADORES

(N° DE OPCIÓN SELECCIONADO)

OPCIONES DE RESPUESTA

Venta personal

Una pareja (cliente de la "empresa "A") se acerca al local y le pide al vendedor que le muestre cochecitos para su segundo bebé.

N° ...

1. Consultando encuestas respondidas por el cliente y su historial en la empresa para poder inferir si sus experiencias previas con la organización fueron positivas.

Venta telefónica

Un telemarketer del "banco B" llama a un cliente para ofrecerle un servicio de seguro para el hogar.

N° ...

2. En este caso, todavía no es posible identificar marcadores somáticos positivos o negativos con la empresa, los productos o los vendedores.

e-commerce

Una persona se contacta con la "empresa C", vía electrónica, y consulta el precio de un e-book.

N° ...

3. Apelando a la sensibilidad del cliente e infiriendo si sus experiencias previas con los productos adquiridos fueron positivas.

Actividad 11: Frases y preguntas

Explique las siguientes afirmaciones desde la teoría de las Neuroventas.

1. El cliente siempre tiene razón.

Escriba aquí la explicación ....
....
....
....
....

2. El estado de ánimo afecta la predisposición para la compra.

Escriba aquí la explicación ....
....
....
....
....

3. La venta es, ante todo, un estado de ánimo. La compra, también.

Escriba aquí la explicación ....
....
....
....
....

4. Comprar es manifestar una necesidad y sentirse satisfecho una vez hecha la compra.

Escriba aquí la explicación ....
....
....
....
....

5. La mayoría de las decisiones de compra son influenciadas en la medida en que el vendedor "nos caiga bien", más que por las características del producto.

Escriba aquí la explicación ....
....
....
....
....

Actividad 12: El cerebro femenino y el masculino, ¿funcionan de la misma manera?

Indique si cada una de las siguientes afirmaciones es verdadera (V) o falsa (F).

¿Cómo es el cerebro femenino?	V	F
1. Está menos enfocado que el masculino en lo que respecta al lenguaje y el procesamiento auditivo de la información.		
2. Tiene mayor sensibilidad ante expresiones calificadoras.		
3. Reacciona con menor intensidad ante estímulos displacenteros.		
4. Está mejor estructurado para el desarrollo de la empatía.		
5. Posee gran capacidad de memoria en todas las franjas etarias, fundamentalmente en lo que respecta a la memoria emocional.		
6. Está mejor estructurado para relacionar aspectos diferentes y hacer varias cosas a la vez sin desconcentrarse.		
¿Cómo es el cerebro masculino?	V	F
7. Supera al femenino en habilidades para la lógica analítica y todo lo que involucre secuencias, orden y clasificación.		
8. Está mejor dotado que el femenino para la guerra y situaciones que involucren agresión.		
9. Está menos enfocado que el femenino en habilidades visuoespaciales.		
10. Está mejor estructurado para crear y comprender sistemas.		
11. Las zonas cerebrales relacionadas con el impulso sexual son 2,5 veces menores que en el cerebro femenino.		
12. Reacciona con menos intensidad que el femenino ante los estímulos placenteros.		
13. Es menos sensible que el femenino al estrés psicológico y al conflicto.		

Actividad 13: ¿Cómo lo vendo?

Seleccionamos 6 (seis) productos. El séptimo lo elige usted. ¿Cómo encararía su venta si el cliente fuese un hombre? ¿Y si fuese una mujer? Fundamente su respuesta escribiendo en la línea de puntos.

Si el cliente fuera mujer: ....
....
....
....
....
....

Si el cliente fuera hombre: ....
....
....
....
....
....

Actividad 14: ¿Qué estrategias utilizaría usted?

Considerando las diferencias entre el cerebro femenino y el masculino, indique con una (X) las estrategias que implementaría usted si estuviera llevando adelante un proceso de venta con una clienta y cuáles si se tratase de un cliente. Recuerde que los vendedores tienen que aprender a utilizar las pistas que brindan los clientes durante las entrevistas. Ello les permitirá vender *a medida*, de acuerdo con lo que mejor encaje con la modalidad cerebral de sus clientes.

?	Lenguaje audiovisual	Lenguaje verbal	Argumentos con contenido emocional	Argumentos claros y precisos	Información más detallada	Información más sintética

Actividad 15: Leyendo el diario

Lea el siguiente artículo periodístico y, luego, responda las preguntas que le formulamos.

Las concesionarias incorporan mujeres para la venta de autos

Algunos dicen que los clientes las prefieren porque ellas
son más pacientes y confiables

Por Ana Moreno

"Su auto, ¿de qué modelo es? ¿Cuánto kilometraje tiene? Del modelo que usted quiere tenemos azul, rojo, plata y negro; puede usar nafta o diesel, y la capacidad del tanque es de 50 litros". Graciela Damm, vendedora del Grupo D'Arc Maynar, se siente tan cómoda hablando de maquillaje como de motores, airbags y cilindros. Hace veintitrés años que está en el rubro de los automotores y, después de incursionar en las diferentes áreas del negocio, se dedicó a la venta de vehículos cero kilómetro.

Si bien la desigualdad que existe entre hombres y mujeres en algunas actividades sigue siendo evidente, en los últimos años ha aumentado la presencia femenina en puestos que antes eran ocupados exclusivamente por hombres.

El caso de la venta de autos parece ser un claro ejemplo de esto: hoy, al entrar en una concesionaria, a nadie le resulta extraño que la persona que se acerque como asesora sea una mujer. "Al principio, como éramos muy pocas, el cliente quizá se encontraba un poco sorprendido, pero ahora eso ya no pasa", explica Damm. Lo cierto es que cada vez más las concesionarias están incorporando mujeres en el área de venta, ya que tienen una imagen muy diferente del clásico estereotipo del vendedor de autos.

Más seguridad

En el Grupo Dietrich, la cantidad de mujeres que realizan ventas ya alcanza el veinte por ciento del total de vendedores. Lucila Dietrich, gerente de Recursos Humanos y de Relaciones Institucionales, explica cómo se llegó a esta cifra: "A partir de la incorporación de la primera vendedora, hace más de diez años, nos dimos cuenta de que los clientes se sentían más cómodos con las mujeres porque tenían más transparencia". Después, esta impresión se confirmó cuando el departamento de atención al cliente indagó acerca de sus preferencias: "Un gran porcentaje eligió ser atendido por una mujer porque da mayor seguridad, siente que es más honesta, y sobre todo las clientas, porque tiene más paciencia para explicar lo que es un auto", aclara Dietrich.

Osvaldo Moreno, responsable de la marca Citröen del Grupo D'Arc Maynar, comparte esta percepción: "En cualquier venta, primero la persona debe demostrar que tiene autoridad sobre lo que habla; después, la empresa que representa, y por último, el producto –añade–. Las mujeres tienen una cierta ventaja en la primera etapa, ya que dan una imagen más confiable. Existe un preconcepto negativo del vendedor de autos, y la mujer rompe con eso".

Pero además de la confianza, honestidad y seguridad que inspiran, muchas veces despiertan más empatía que los hombres ante el creciente número de potenciales compradoras. Según Dietrich, "algunas clientas, cuando eran atendidas por un hombre, tenían timidez para averiguar algunas cosas; en cambio, con otra mujer, se relajan más y pueden preguntar todo lo que quieren saber".

Un mundo masculino

Sin embargo, aunque cada vez sean más, para aquellas que quieren sumarse a la venta de vehículos no siempre es fácil trabajar siendo una minoría, y cuando presentan un auto, necesitan demostrar –mucho más que los hombres– que saben de lo que están hablando. "Como la mayoría de los empleados son varones, al principio subestiman a la vendedora como si no supiera de temas técnicos –comenta Moreno–, pero con el tiempo se establecen amistades con mucho respeto. Desde el punto de vista técnico, las vendedoras saben tanto como los hombres."

En Dietrich, apuntan a que las que trabajan en ventas tengan plena confianza en su conocimiento del producto. Por eso, en los entrenamientos se dedican sobre todo a la seguridad de la vendedora, tanto en la interacción con el cliente como en el acercamiento técnico al automóvil.

Para Graciela Damm, la competencia que existe entre pares está más vinculada con el área de ventas en sí que con una cuestión de género; aunque, según su experiencia, siempre hay cierta resistencia por parte de los compañeros varones. "En los vendedores mayores (que son de la escuela en la que únicamente había hombres, y a la mujer que manejaba la mandaban a lavar los platos) hay bastante resistencia, pero terminan aceptándome." Y nada le saca las ganas de seguir adelante: "Una venta nunca es igual a otra, y hay que tener mucha creatividad. Este trabajo es un desafío diario". Cada vez son más las mujeres vendedoras de autos; sin embargo, aquellas que ya tienen varios años de trayectoria se iniciaron en puestos administrativos.

Lucila Dietrich cuenta que su primera vendedora era la recepcionista que atendía las llamadas e interactuaba con los clientes. Con el tiempo, nos dimos cuenta de que, dada su experiencia, era muy innovador incorporarla al área de ventas, explica. Un recorrido similar realizó Damm: "Empecé en una concesionaria, trabajando como secretaria de gerencia, ahí me interesó el desarrollo comercial y comencé a vender autos y planes de ahorro". Pero a veces la necesidad de hacer este recorrido se transforma en un obstáculo para aquellas que desean incorporarse directamente como vendedoras. Leonardo de Ferraris, responsable de Marketing y Publicidad del Grupo Car One, explica las dificultades para encontrar mujeres capacitadas: "En el momento de realizar una búsqueda, nunca limitamos el ingreso de mujeres; pero cuando pedimos experiencia, como la mayoría de los vendedores son hombres, se forma un círculo vicioso".

(Fuente: diario *La Nación*. Buenos Aires, domingo 10 de septiembre de 2006)

1. ¿Cuál es su opinión, como vendedor/a, del cambio que describe el artículo?

....

....

....

....

....

2. Desde el neuromarketing, ¿qué fundamentos encontraría para incorporar mujeres al negocio automovilístico?

....

....

....

....

3. ¿En qué otros rubros usted puede identificar, en esta última década, la incorporación de vendedoras?

....

....

....

....

....

Actividad 16: Reglas de oro de la neuroventa

Teniendo en cuenta las características cerebrales de las mujeres y de los hombres, lea las siguientes afirmaciones e identifique cuáles son las "Reglas de oro en neuroventa" que debe seguir todo vendedor.

Es fundamental que todo vendedor:
1. Sea cuidadoso en su discurso al dirigirse a las clientas y les brinde información detallada sobre los productos, porque ellas están muy atentas a "lo que les dice el vendedor".
2. Sea directo al dirigirse a clientes masculinos, ya que los hombres valoran los discursos claros y precisos.
3. Utilice audiovisuales para presentar productos a las clientas, ya que el cerebro femenino es superior al masculino en habilidades visuoespaciales.
4. Recuerde que los clientes escuchan mejor por su oído derecho, debido a que en los hombres las áreas del lenguaje se ubican solo en el hemisferio izquierdo.

Es imprescindible que toda vendedora:
1. Retome experiencias de compras positivas ya efectuadas por las clientas, porque esto podría facilitar nuevas ventas.
2. Recuerde, al dirigirse a las clientas, que ellas, como cualquier mujer, son sensibles frente a las expresiones calificadoras.
3. Utilice sobre todo el lenguaje verbal al dirigirse a los clientes masculinos, ya que, por sus características cerebrales, son superiores a las mujeres en el procesamiento auditivo de la información.
4. Tenga presente que los clientes hombres tienen una gran capacidad de memoria, por eso persisten en ellos los recuerdos de experiencias de compra, sobre todo los negativos.

Escriba aquí: ....
....
....
....

Orientación de respuesta

Actividad 1: Autorreflexión. ¿Cómo soy como comprador?

Al tratarse de una reflexión personal hay muchas posibles respuestas correctas. Lo importante es capitalizar esta reflexión para que cuando ejerzamos el rol de vendedor/asesor seamos capaces de generar marcadores somáticos positivos y emitir mensajes que activen la memoria *priming* del cliente.

Actividad 2: Así en la vida como en la venta

1. Acordamos que a la salida del cine vamos a cenar y a pasar un buen momento. Ella acepta con esa condición.
2. Los comportamientos positivos deben recompensarse inmediatamente. Los estudios de investigación nos demuestran que para cambiar un comportamiento no podemos ofrecer la recompensa atrasada. Por ejemplo, si queremos que nuestro hijo se lave los dientes de forma regular, hemos de premiar el comportamiento justo después de que acontezca (con un pequeño presente, un abrazo, un elogio...).

Actividad 3: Expectativas de los compradores

1. Cuando el comprador (Rodolfo) dice:
   - "...*de acuerdo a mis intereses*", el vendedor debe ser capaz de escuchar.
   - "...*que el vendedor sea un asesor*", el vendedor debe ser un profesional, con conocimiento de las características y posibilidades de los productos que ofrece. El especialista mundial en el tema, William Ury, afirma que la mayoría de las negociaciones están ganadas o perdidas desde antes de iniciar las conversaciones, según la calidad de la preparación.
   - "...*que se establezca un diálogo*", el vendedor debe ser amable y capaz de mantener una conversación. En este sentido, el vendedor debe considerar las influencias del grupo de referencia, la clase social, la cultura, así como los motivos racionales o emocionales involucrados en la compra. Asimismo, y a los efectos de reunir información sobre el potencial cliente, se deben descubrir sus necesidades mediante preguntas y una escucha activa. Las preguntas incluyen tanto aquellas que permiten reu-

nir información (por ejemplo, *¿Podría decirme que tipo de automóvil tiene en mente?*), preguntas de prueba (por ejemplo, *¿Cómo mejoraría la producción si utilizara esta máquina?*), así como preguntas de confirmación (por ejemplo, *Por lo tanto, ¿le gustaría este auto en color rojo?*). La escucha activa permitirá una retroalimentación tanto en el contenido del mensaje como en señales no verbales. Una vez que el vendedor descubre los motivos de compra puede ofrecer beneficios y recomendar productos que armonicen con las necesidades del cliente.

2. Cuando el comprador (Agustín) dice:
    - *"...que me dejen recorrer el local"*, el vendedor debe ponerse a disposición pero estar atento a las consultas para las que pudiera ser requerido.
    - *"...no sentir al vendedor encima"*, el vendedor debe ser capaz de tomar la distancia justa.

3. Cuando la compradora (Fernanda) dice:
    - *"...no me gusta esperar"*, el vendedor debe contener al comprador y partir de esa demanda para generar una oportunidad de venta.
    - *"Requiero toda la atención"*, el vendedor debe complacer emocionalmente al comprador, regulando racionalmente la atención.

Actividad 4: Sistema de recompensa

La opción correcta está subrayada.

1. Cliente A Un hombre de aproximadamente 70 años de edad que suele comprar en el local.	a. <u>Le sugeriría degustar algunos productos nuevos haciéndole comentarios sobre su calidad.</u> b. Lo saludaría y le preguntaría qué productos desea comprar. c. Ninguna de las anteriores.
2. Cliente B Una señora que nunca compró en Sabores y se acercó por recomendación de amigos.	a. Le preguntaría cuáles son los quesos y embutidos que más le agradan. b. La invitaría a probar los productos de su preferencia. c. <u>Todas las anteriores.</u>
3. Cliente C Un joven que acaba de mudarse por la zona y está conociendo los comercios del barrio.	a. Le haría un relato sobre la historia del local en la zona b. <u>Le entregaría un folleto comentándole las características de los productos.</u> c. Todas las anteriores.
4. Cliente D Una señora descendiente de españoles, cliente de Sabores desde hace años.	a. Le daría algún obsequio de la casa a modo de reconocimiento por habernos elegido. b. Le comentaría cuáles son los nuevos productos. c. <u>Todas las anteriores.</u>

5. Cliente E Una pareja joven que viene con frecuencia al local para comprar productos en promoción.	a. <u>Indagaría sobre sus experiencias con nuestros productos y les ofrecería otros acordes a sus posibilidades.</u> b. Les preguntaría qué productos desean comprar en esta oportunidad. c. Ninguna de las anteriores.
6. Cliente F Un hombre de mediana edad que ingresó al local después de mirar la vidriera.	a. Prestaría atención a las expresiones del potencial cliente para hacer alguna acotación pertinente. b. Lo acompañaría a la vidriera o a las góndolas para ver los productos e indagar sus preferencias. c. <u>Todas las anteriores.</u>

Actividad 5: Neuronas espejo

Inferimos que la compradora es mujer dado su interés por la ropa deportiva femenina. Al estar de vacaciones, en su recorrido se encuentra frente a una vidriera que puede haber activado sus neuronas espejo. Recordemos que estas neuronas pueden movilizarse cuando el individuo observa a otro llevar a cabo una acción (en este caso, una reconocida tenista *top ten*, aplicando un revés y luciendo una marca de ropa deportiva). El cerebro de la mujer puede haber encendido las áreas cerebrales que activaran la ilusión de ser ella misma quien estuviera realizando ese golpe de tenis o jugando en un set. A esto se suman las características del vendedor: es un conocedor del deporte y, aplicando los principios del neuromarketing, logra liderar el sistema espejo de su cliente. Esto se ve reflejado en el diálogo que se establece entre ellos. Cabe destacar que el local, su vidriera y la formación profesional de sus vendedores colaboran con el éxito de la venta.

Actividad 6: ¿Hemisferio izquierdo o hemisferio derecho?

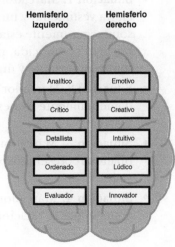

Hemisferio izquierdo — Hemisferio derecho

Analítico — Emotivo
Crítico — Creativo
Detallista — Intuitivo
Ordenado — Lúdico
Evaluador — Innovador

Tenga presente que recordar las características básicas que representan a una persona con predominio de hemisferio izquierdo o derecho es de suma importancia para todo vendedor, porque le permite construir un mejor vínculo con los clientes aplicando la estrategia de comunicación más adecuada para cada caso.

Actividad 7: El dominio cerebral en diferentes clientes

1. Hemisferio izquierdo
2. Hemisferio izquierdo
3. Hemisferio derecho
4. Hemisferio derecho

Actividad 8: ¿Qué hemisferio cerebral predomina en estos clientes?

Los clientes 1 y 4 poseen características que reflejan el predominio del hemisferio derecho: prefieren las imágenes visuales (piden al vendedor que les muestre los productos), manifiestan ser afectuosos y saltan de un tema a otro. En los clientes 2 y 3, en cambio, prepondera el hemisferio izquierdo, ya que estas personas demuestran ser ordenadas en su discurso, solicitan información precisa al vendedor, etcétera.

> Recuerde que la dominancia cerebral determina a qué aspectos les prestará atención un cliente y a cuáles no.

Actividad 9: Marcadores somáticos en la literatura

- **Situación 1.** Marcador somático vinculado con el deporte y el estatus que cierta vestimenta y un estilo de vida pueden dar. Las compras de esta persona seguramente estarán vinculadas a ropa de marca, con respaldo de publicidad reconocida, puntos de venta atractivos, vendedores que la hagan sentir importante y única.
- **Situación 2.** Marcador somático vinculado con los viajes, el transporte, fundamentalmente trenes. También con las bebidas, específicamente la línea Evian.
- **Situación 3.** Marcador somático vinculado con la cultura, adquisición de objetos representativos de lugares. Seguramente se asocia con lecturas y viajes.
- **Situación 4.** Marcador somático vinculado con la comida, especialmente aquello que se relaciona muy específicamente con las donuts.

Actividad 10: Cómo identificar marcadores somáticos

SITUACIONES	CÓMO IDENTIFICAR MARCADORES
Venta personal Una pareja (cliente de la "empresa A") se acerca al local y le pide al vendedor que le muestre cochecitos para su segundo bebé.	Apelando, por ejemplo, a la sensibilidad del cliente e infiriendo si sus experiencias previas con los productos adquiridos fueron positivas.
Venta telefónica Un telemarketer del "banco B" llama a un cliente para ofrecerle un servicio de seguro para el hogar.	Consultando, por ejemplo, encuestas respondidas por el cliente y su historial en la empresa, para poder inferir si sus experiencias previas con la organización fueron positivas.
e-commerce Una persona se contacta con la "empresa C", vía electrónica, y consulta el precio de un *e-book*.	Todavía no es posible identificar marcadores somáticos positivos con la empresa, los productos o los vendedores.

Actividad 11: Frases y preguntas

1. Emocionalmente, el cliente siempre tiene razón sobre lo que siente o sobre sus sentimientos o sobre cómo le afecta una situación. Racionalmente, es relativo al análisis puntual y puede que tenga razón como que no.
2. En productos de consumo masivo, asociados a la satisfacción lúdica o vinculados a un consumo regular, especialmente si son de uso personal o social, el impacto de las emociones al momento de comprar es altísimo, muy superior al impacto de la decisión racional, aunque puede disminuir cuando existen limitaciones presupuestarias o restricciones sociales. Este nivel se reduce sustancialmente, pero no desaparece, en productos técnicos, asociados a una rentabilidad o rendimiento económico, de consumo profesional sin contenido lúdico o productos que no es agradable adquirir.
3. Sí, siempre y cuando sea placentero y tenga un resultado cercano al deseado. La compra suele ser la manifestación de una necesidad transformada en la sa-

tisfacción de un deseo. Ocasionalmente puede ser un simple impulso con muy poca reflexión, por lo que genera un placer más inmediato, pero generalmente la compra deriva en un estado de satisfacción con una duración limitada.

4. La compra es, generalmente, un proceso emocional que genera estados de ánimo, especialmente en los casos descritos en la respuesta 2. Estos estados de ánimo no necesariamente se trasladan a situaciones posteriores.

5. Para parecernos a los demás, podemos hablar con respeto y con confianza. Por ejemplo, llamar a las personas por su nombre de pila genera cercanía. También pueden usarse frases que generen un acercamiento, como: "Yo también soy cliente…", o "Yo también odio que me hagan esperar".

Actividad 12: El cerebro femenino y el masculino, ¿funcionan de la misma manera?

¿Cómo es el cerebro femenino?	V	F
1. Es inferior al masculino en lo que respecta al lenguaje y el procesamiento auditivo de la información.		X
2. Tiene mayor sensibilidad ante expresiones calificadoras.	X	
3. Reacciona con menor intensidad ante estímulos displacenteros.		X
4. Está mejor estructurado para el desarrollo de la empatía.	X	
5. Posee gran capacidad de memoria en todas las franjas etarias, fundamentalmente en lo que respecta a la memoria emocional.	X	
6. Está mejor estructurado para relacionar aspectos diferentes y hacer varias cosas a la vez sin desconcentrarse.	X	
¿Cómo es el cerebro masculino?	V	F
7. Supera al femenino en habilidades para la lógica analítica y todo lo que involucre secuencias, orden y clasificación.	X	
8. Está mejor dotado que el femenino para la guerra y situaciones que involucren agresión.	X	
9. Es inferior al femenino en habilidades visuoespaciales.		X
10. Está mejor estructurado para crear y comprender sistemas.	X	
11. Las zonas cerebrales relacionadas con el impulso sexual son 2,5 veces menores que en el cerebro femenino.		X
12. Reacciona con menos intensidad que el femenino ante los estímulos placenteros.		X
13. Es menos sensible que el femenino al estrés psicológico y al conflicto.	X	

Tenga presente que, al referirnos a las diferencias de género en relación con el comportamiento de compra, siempre hablamos en promedio y de mayorías.

Actividad 13: ¿Cómo lo vendo?

En el caso de las mujeres, el mensaje para estos productos debería enfocarse en trabajar a partir de los siguientes elementos:

- Hacer hincapié en el aspecto cultural y artístico de los productos como el Smart TV.
- Resaltar la belleza o la generación de placer en el consumo del producto.
- Evitar conceptos estresantes, como destacar el gran volumen que es capaz de adquirir el Smart TV o las altas velocidades del coche.
- Crear imágenes multisensoriales situando al cliente en el uso del producto, integrando aspectos emocionales.
- Aprovechar aspectos que generen empatía, por ejemplo, citando experiencias personales o de otros clientes.
- Destacar el potencial para generar ambientes o situaciones positivas, climas con contenido emocional, afinidad de terceros.
- Apoyarse en la mayor memoria de la mujer para generar argumentos de venta y acuerdos parciales a lo largo de la venta.

En el caso de los hombres, la forma cambia tanto como el contenido del mensaje, aun cuando estemos transmitiendo las mismas ideas:

- Destaque los aspectos técnicos del producto, los "por qué" funciona como lo hace.
- Sitúe el producto espacialmente junto al cliente.
- Puede utilizar argumentos o ejemplos más estresantes o agresivos para destacar el producto: la velocidad, el tamaño, la fuerza.
- Aproveche la mayor sensibilidad a conceptos relacionados con el impulso sexual.
- Resalte el potencial para desarrollar aspectos vinculados a las estructuras y a la tecnología, como upgrades, mejoras técnicas, adicionales.
- Explore y destaque las razones por las que este producto lo pondrá en una posición de mayor estatus o comodidad.
- Apóyese en la mayor habilidad para comprender sistemas, secuencias o aspectos lógicos del producto.

Actividad 14: ¿Qué estrategias utilizaría usted?

?	Lenguaje audiovisual	Lenguaje verbal	Argumentos con contenido emocional	Argumentos claros y precisos	Información más detallada	Información más sintética
(mujer)		X	X		X	
(hombre)	X			X		X

Actividad 15: Leyendo el diario

Desde el neuromarketing hay aspectos relevantes para fundamentar este tipo de incorporaciones:

- El cerebro femenino tiene un mayor desarrollo de las áreas del lenguaje. Además, las mujeres suelen ser más veloces para leer y comprender la información que reciben.
- Ellas no olvidan. Su capacidad para memorizar es mayor que la del hombre y en ellas la fijación de recuerdos con contenidos emocionales es muy potente.
- Otros rubros en los que la figura de la mujer se ha incorporado son gasolinerías y actividades agrícolas, entre muchas otras.

Actividad 16: Reglas de oro de la neuroventa

Las Reglas de oro correspondientes son las subrayadas.

Es fundamental que todo vendedor...

1. Sea cuidadoso en su discurso al dirigirse a las clientas y les brinde informa-
    ción detallada sobre los productos, porque ellas están muy atentas a "lo que
    les dice el vendedor".
2. Sea directo al dirigirse a clientes masculinos, ya que los hombres valoran los
    discursos claros y precisos.
3. Utilice audiovisuales para presentar productos a las clientas, ya que el ce-
    rebro femenino es superior en habilidades visuoespaciales, con respecto al
    masculino.
4. Recuerde que los clientes escuchan mejor por su oído derecho, debido a
    que en los hombres las áreas del lenguaje se ubican solo en el hemisferio
    izquierdo.

Es imprescindible que toda vendedora...

1. Retome experiencias de compras positivas ya efectuadas por las clientas,
    porque esto podría facilitar nuevas ventas.
2. Recuerde, al dirigirse a las clientas, que ellas, como cualquier mujer, son
    sensibles frente a las expresiones calificadoras.
3. Utilice sobre todo el lenguaje verbal al dirigirse a los clientes masculinos,
    ya que, por sus características cerebrales, son superiores a las mujeres en el
    procesamiento auditivo de la información.
4. Tenga presente que los clientes tienen una gran capacidad de memoria, por
    eso persisten en ellos los recuerdos de experiencias de compra, sobre todo
    los negativos.

Segunda Parte

MÉTODO DE VENTA NEURORRELACIONAL

Actividades

Actividad 1: Autorreflexión. ¿Cómo soy como vendedor?

Seleccione para cada consigna la opción que mejor describa su forma de ser como vendedor. En la sección Orientación de respuestas, le diremos cómo evaluar los resultados y sacar conclusiones.

1. Cuando me preparo para el contacto con un cliente:
   a. Tomo conciencia de mí mismo y trabajo en la búsqueda de confianza.
   b. No realizo mayores preparaciones: la improvisación es la mejor herramienta con la que cuento en una venta.
   c. Realizo algún ejercicio de autoconciencia de mí mismo y me preparo según lo que necesite ese día.

2. Si necesito trabajar en mi autoconfianza:
   a. Sonrío constantemente para ver qué efecto provoco en los demás.
   b. Trabajo visualizando palabras y pensamientos positivos.
   c. Me comunico conmigo mismo y repaso mis logros profesionales.

3. ¿Cómo preparo mi presencia ante un cliente?
   a. No la preparo, la espontaneidad es muy valorada.
   b. Cada noche reviso cuidadosamente la vestimenta que utilizaré al día siguiente.
   c. Trabajo diaria y constantemente con todos mis elementos no verbales.

4. Al momento de iniciar la relación con un cliente, lo primero que tengo en cuenta es:
   a. Mi postura y mi presencia física.
   b. Las posibilidades de comunicación en la etapa inicial.
   c. La postura y la presencia física del cliente.

5. Para poder establecer empatía con mi cliente siempre:
   a. Encaro la relación hablando directamente de mi producto/servicio (es lo que mejor conozco).
   b. Encaro la relación detectando indicios relacionales.
   c. Encaro la relación interesado en saber más acerca de mi cliente.

6. Durante una entrevista de ventas:
   a. Dialogo con mi cliente y escucho atentamente aquello que expresa.
   b. Doy mi discurso y espero sus respuestas.
   c. Escucho todo lo que tenga para decirme y, luego, avanzo con mi discurso de ventas.

7. Cuando dialogo con mi cliente:
   a. Trato de detectar sus requerimientos.
   b. Trato de detectar sus necesidades.
   c. Trato de escuchar atentamente todo lo que diga.

8. Si un cliente me dice "quiero comprar un electrodoméstico más grande":
   a. Le muestro los más grandes del local.
   b. Trato de detectar qué tipo de electrodoméstico desea.
   c. Trato de detectar qué significa "más grande" para él.

9. Cuando dialogo con mi cliente:
   a. Trato de transformarlo en un comprador habitual.
   b. Dirijo mi discurso de venta según la estrategia de compra que tenga.
   c. Trato de venderle mi producto y luego establecer una relación.

10. Cuando presento mi producto/servicio:
    a. Me concentro en la mente del cliente.
    b. Me concentro en el producto/servicio.
    c. Me concentro en el cierre de la venta.

11. Si quiero cerrar una venta de manera exitosa:
    a. Le hablo sobre mi producto/servicio de manera ininterrumpida el tiempo que sea necesario.

b. Trabajo la conclusión de mi discurso apelando a aquellas palabras que el cliente utilizó, transformadas en beneficios.

c. Trabajo la conclusión de mi discurso apelando a los beneficios de mi producto/servicio y a cómo le cambiaría la vida.

12. Para construir el cierre de manera exitosa, siempre:
   a. Reviso mi postura.
   b. Reviso mi discurso.
   c. Reviso cómo se mantuvo la empatía entre ambos.

13. Cuando logré concretar la venta:
   a. Me preparo para el próximo cliente.
   b. Me ocupo de que mi cliente tenga exactamente lo que pidió y me preparo para atender al próximo cliente.
   c. Trato de establecer una relación posventa con mi cliente.

Actividad 2: Primer contacto con el comprador

Imagine esta situación: usted está coordinando un curso de capacitación sobre neuroventas en una empresa. Uno de los temas que se analizan es el del primer contacto con el comprador

La actividad que los participantes del curso deben llevar a cabo es intervenir en un foro virtual, especialmente abierto para tal fin, y escribir en él sus impresiones y experiencias sobre lo estudiado. Usted, como coordinador del curso, tiene que leer cada una de las intervenciones y hacer un cierre que sintetice las ideas principales detectadas. Le pedimos que haga dicha síntesis en el espacio asignado para ello.

FORO
Tema: Primer contacto con el comprador.

Escriba en este foro sus impresiones y experiencias sobre el tema que acabamos de estudiar.

Comentario de Silvia: *"El ser transparente, demostrando un sincero interés en solucionar la necesidad del cliente, es fundamental para transmitir un interés personal y no ver al cliente como un número de cuenta más".*

Comentario de Luisa: *"Sin duda uno de los puntos fundamentales para atraer nuevos clientes es conocerlos en profundidad antes de reunirse con ellos. Hoy en día es una tarea al alcance de cualquier empresa o autónomo gracias a las nuevas tecnologías, las redes sociales y los servicios de una secretaria virtual. En mi compañía apostamos por las tres premisas".*

Comentario de Chio Chio: *"No me queda claro si es bueno captar clientes de forma directa. Me refiero a ir a las empresas y solicitar contactarse con alguna persona del área de tu rubro y ofrecer tus servicios o productos ¿O es mejor por teléfono?".*

Comentario de Rogelio: *"Es cierto que es fundamental visualizar una concreción exitosa pero también debemos ser maestros en la gestión de los tiempos de nuestros posibles clientes. Es muy importante tener fichas con toda la información previa que podamos reunir con comentarios importantes que hubiéramos podido consignar de ventas anteriores, ¿no?".*

Comentario de Susana: *"Siempre hay que ser positivo para lograr lo bueno que queremos".*

Comentario de José: *"Como decía Platón: Aprender es recordar. Y en la preparación de las ventas es necesario frenar imágenes mentales negativas, que generen malos recuerdos".*

Comentario de Carlos Arturo: *"Verdaderamente es así; no rogamos que compre, asesoramos lo mejor posible a nuestro cliente. Vender a la fuerza es atesorar fracasos en la vida y quemar nuestro combustible inútilmente, y nos da mala fama".*

Comentario de Joselo: *"Yo llamo a mis posibles clientes, les escribo y tengo una fanpage".*

Comentario de Ainoha: *"Es importante el contexto. No es lo mismo prepararse para una reunión en oficinas que se encuentran en edificios emblemáticos de la ciudad que en oficinas ubicadas en las afueras".*

Comentario de Yuvalia: *"Es igualmente importante comunicar pensando en el problema del cliente y cómo nuestra propuesta puede resolver dicho problema".*

Comentario de Rocío: *"Todo me parece genial. Debería profundizar el tema de la visualización creativa. En la teoría me parece bien pero no sé cómo aplicarlo para mí misma. A veces, tengo problemas en este sentido".*

Escriba aquí su síntesis de todos los comentarios anteriores ....

....

....

....

....

....

....

....

....

....

....

....

....

....

Actividad 3: ¿Qué está faltando?

> Del listado de acciones imprescindibles para la *Etapa 2: Iniciando la relación,* complete en las líneas punteadas las diferentes recomendaciones en los primeros momentos de la venta.

1. Priorizar una relación con el cliente que ....

2. Buscar indicios ....

3. Tener en cuenta los mensajes .... , ... y .... que emite el cliente.

4. Elegir un lugar .... para la venta.

5. Asignarle valor a .... y .... que más conviene utilizar de acuerdo al cliente con el que estamos interactuando.

6. Organizar la ....

7. .... los primeros momentos dialogando sobre temas que no son motivo de la reunión y que inferimos pueden ser de interés del cliente.

Actividad 4: La mejor manera de no dejar pasar la oportunidad

Juan, el vendedor, y Enrique, el comprador, mantienen un diálogo que nos permite observar una de las maneras de afrontar el vínculo con el cliente. A partir de este diálogo, escriba las modificaciones que usted efectuaría en la conversación entre Juan y Enrique para que Juan construya una relación comercial que perdure en el tiempo y no se pierdan futuras oportunidades de venta.

Juan vendedor y Enrique cliente

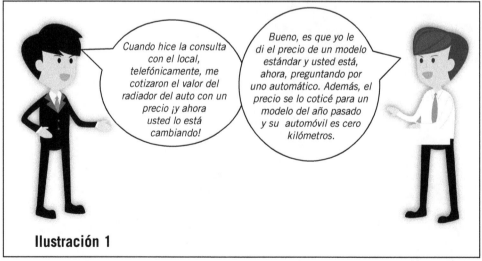

Ilustración 1

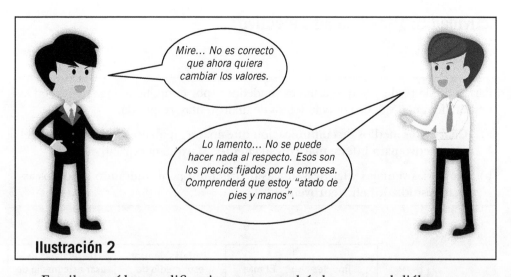

Ilustración 2

Escriba aquí las modificaciones que podría hacer en el diálogo:

Ilustración 1: ....

....

....

Ilustración 2: ....

....

....

Actividad 5: ¿Hay uno más efectivo?

Partiendo de la idea de que usted es vendedor y, por ende, tiene experiencia en la gestión de ventas y tiene conocimientos de neuroventas, responda:

a) ¿Cuál de los medios de comunicación que aparecen abajo considera que es el más efectivo para interactuar con su cliente? Marque el espacio elegido.

b) Escriba las ventajas y las desventajas de cada uno, considerando todos los aspectos estudiados en Neuroventas.

	Tipo de comunicación	El más efectivo es	Ventajas de usar este medio de comunicación para la venta	Desventajas de usar este medio de comunicación para la venta
	telefónica			
	por video chat			
	por e-mail (correo electrónico)			
	por Facebook, linkedin, redes sociales			
	por whatsapp o mensaje de texto			

Actividad 6: ¿Hay empatía?

Lea las tres situaciones que siguen y, luego, responda las preguntas formuladas.

Situación 1: Local de venta de electrodomésticos

En un local de electrodomésticos se desarrolla el siguiente diálogo entre un vendedor que lleva más de tres años en la empresa y un nuevo cliente:

Cliente: —*Buen día.*

Vendedor: —*Buen día señor. ¿En qué puedo ayudarlo?*

Cliente: —*El año pasado me acerqué hasta esta sucursal y me atendió otro vendedor, muy atento, por cierto. En ese momento me decidí a concretar la compra de un microondas que, en realidad, era algo que tenía pendiente. El vendedor me dijo que disponía de una garantía para el producto. Hace unos días intenté usarlo, ¡pero no enciende! No puedo perder tiempo yendo y viniendo a este local, porque trabajo lejos de la zona. ¡Necesito que el service a domicilio esté cubierto por la garantía! ¡Quiero que mi microondas vuelva a funcionar cuanto antes! ¿Entiende?* (El tono del cliente era cada vez más alto y ponía claramente en evidencia su malestar).

Vendedor: —*Fantástico. ¡Qué bueno que haya podido concretar la compra con nosotros! Por lo que usted me dice infiero que cuenta con el servicio de garantía por 1 año. ¿Recuerda si contrató la garantía extendida?*

Cliente: —*¡Cuánta burocracia por un service sin cargo! No, no lo recuerdo...*

Vendedor: —*Comprendo su planteo, imagino cómo se siente. ¿Sería tan amable de pasarme sus datos personales?*

Cliente: —*Soy Luis Winkel.*

Vendedor: —*Luis, veamos en el sistema cuál es la fecha de finalización de su garantía.* (El vendedor percibe la respiración agitada del cliente, producto de su estado de nerviosismo).

Vendedor: —*Su garantía venció el mes pasado y usted, en su momento, no adquirió la garantía extendida, por eso el servicio técnico ya no está cubierto. El acceso a él tiene costo.*

Cliente: —*Pero estamos en el mes 13 desde que hice la compra. Me pasé solo por un mes. ¿Por qué no contemplan mi situación? ¡Hagan una excepción! Además, la persona que me vendió el microondas me dijo que tendría el service gratuito.*

Vendedor: —*Luis, no, los vendedores siempre aclaramos que el service es sin cargo cuando el producto tiene garantía. Lamentablemente, no podemos otorgarle lo que usted pide, porque, como le comentaba, su microondas ya no posee garantía. Es un procedimiento que aplicamos con todos los clientes por igual, como usted se imaginará. Acompáñeme por aquí, lo invitamos con un café.* (El cliente está más distendido). *Aquí le entrego un folleto con los datos de nuestros técnicos para que pueda contactarlos y solicitarles un presupuesto. Nuestro equipo técnico es de confianza y le brindará una excelente atención.*

Situación 2: Dirección de escuela infantil

En el despacho de Dirección de una prestigiosa escuela primaria privada se desarrolla el siguiente diálogo entre la madre de un alumno y la directora, en una entrevista pautada con antelación:

Madre: —*Buenas tardes Raquel.*

Directora: —*Buenas tardes Alicia, muchas gracias por su puntualidad. Póngase cómoda.*

Madre: —*Gracias. La verdad es que necesitaba conversar personalmente con usted por una situación particular que se presenta con Ramiro, mi hijo.*

Directora: —*Sí, por supuesto. ¿Pasó algo en su casa o aquí en la escuela?*

Madre: —*Sucedió algo maravilloso, algo muy esperado por toda mi familia, especialmente por Ramiro. ¡Uno de los principales clubes de fútbol del país lo convocó para ser parte del equipo infantil!*

Directora: —*¡Los felicito! Me alegro por esta noticia. Sabemos que Ramiro tiene condiciones deportivas. ¡Qué gran logro!*

Madre: —*Imagínese cómo estamos... El tema es que Ramiro necesita contar con tiempo suficiente para poder presentarse a las prácticas y no podrá asistir este año a la escuela.*

Directora: —*Entonces, ¿usted quiere sacar a su hijo de esta institución?*

Madre: —*No, de ninguna manera. Esta escuela es parte de nuestra vida; toda mi familia ha estudiado aquí. Queremos que Ramiro deje de asistir a las clases y en algún momento rinda los exámenes. ¡Ustedes ya se lo permitieron a otro alumno!* (La madre emplea un tono alto).

Directora: —*Alicia, veamos el tema en detalle. ¿Desea tomar algo?*

Madre: —*Sí, gracias.* (La directora se comunica por teléfono con su secretaria y le pide dos cafés).

Directora: —*Alicia, en esta escuela los alumnos no pueden quedar libres; tienen que mantener su regularidad.*

Madre: —*Pero si es por un tema económico, podemos pagar por adelantado todo el año, incluso no tenemos problemas en abonar algún plus. ¡Necesito que entienda lo que significa esta oportunidad deportiva para Ramiro!*

Directora: —*Alicia, desde ya, es una enorme oportunidad para su hijo y una gran alegría para todos.*

Madre: —*Y entonces, ¿cómo podemos hacer?*

Directora: —*Como le decía, no podemos admitir a Ramiro como alumno libre, y esto no puede remediarse con el pago. No se trata de un tema administrativo, sino académico.*

Madre: —*¡Pero ustedes se lo permitieron a otro chico!*

Directora: —*No, Alicia, ese alumno no quedó libre. Simplemente tuvo que ausentarse más de lo previsto por temas médicos y tuvo que rendir exámenes recuperatorios. Son casos diferentes. Tranquilícese; vea con su esposo la posibilidad de buscar otra escuela, averigüe en el club cómo manejan el tema escolar otros padres. Pero aquí, en esta institución, no podemos admitir a su hijo como alumno libre.* (La madre muestra un rostro de preocupación, pero ya no manifiesta malestar con la directora).

Situación 3: Tienda de venta de ropa femenina

En una tienda ubicada en el centro de la ciudad se desarrolla el siguiente diálogo entre una vendedora y una clienta:

Vendedora: —*Buen día señora, ¿la atendieron?*

Clienta: —*No, buen día. Gracias por acercarse. Vine hasta aquí para cambiar este vestido. Lo compré ayer por la mañana.* (La clienta le muestra un vestido a la vendedora).

Vendedora: —*¿Y qué sucedió? ¿Tuvo problemas con el talle?*

Clienta: —*No, el talle me quedó bien, ya me lo había probado y estoy conforme. Lo que ocurre es que el estampado no me convence y quiero cambiarlo por otro.*

Vendedora: —*Entiendo, a veces nos pasa eso con las prendas. ¿Me permite el vestido?*

Clienta: —*Sí, claro.*

Vendedora: (Después de inspeccionar la prenda) —*Señora, no podemos cambiarle el vestido porque no posee la etiqueta y, además, tiene una mancha.*

Clienta: —*¡Pero no lo usé! Por favor, vengo a este local desde años y siempre me tomaron los cambios.*

Vendedora: —*Comprendo que acaba de comprar el vestido y aún no pudo estrenarlo, pero no puedo cambiárselo, por las condiciones en que lo trae.*

Clienta: —*¿Por qué no hacen una excepción conmigo?* (La clienta insiste en su pedido).

Vendedora: —*Señora, por normas de la empresa que usted ya conoce por venir con frecuencia al local, le reitero que no podemos tomar prendas cuyo estado de presentación sea inadecuado. Créame que la entiendo, pero no hacemos excepciones.*

Ahora que ya ha leído las tres situaciones, le pedimos que responda aquí las cuestiones que le formulamos.

¿Los vendedores presentados en estas tres situaciones desarrollaron empatía hacia los clientes? Explique por qué en cada caso.

....

....

....

....

....

....

....

....

Actividad 7: ¿Qué nos dicen las imágenes?

Analice las cuatro imágenes siguientes y explique por qué, en ellas, puede considerarse que habría empatía, si se tratara de una situación vendedor-cliente.

Ilustración 1

Escriba aquí: ....
....
....
....
....
....
....

Ilustración 2

Escriba aquí: ....
....
....
....
....
....
....

Ilustración 3

Escriba aquí: ....
....
....
....
....
....
....

¿Qué piensan?
¿Qué ven?
¿Qué oyen?
¿Qué dicen?

Ilustración 4

Escriba aquí: ....
....
....
....
....
....
....

Actividad 8: ¿Es realmente lo que el cliente necesita?

Analice la situación planteada a continuación y responda el interrogante a partir de la teoría del neuromarketing.

Supongamos que usted trabaja en una empresa que desarrolla páginas web. Sus clientes no son expertos en estrategia digital y tampoco en páginas web. Sin embargo, uno de ellos, que se ha puesto en contacto con usted recientemente, le manifiesta que ha visto en internet algunas páginas que le gustan mucho, porque tienen unos videos con AutoPlay una vez que la gente ingresa. Además, dice que le gustaría que su página tuviera unas animaciones para que la presentación sea moderna y dinámica. Adicionalmente, le pide que le cree dos versiones de la página, una en inglés y la otra en español.

Esto es lo que el cliente quiere, pero ¿es realmente lo que el cliente necesita? ¿Cómo procedería usted para realizar la venta de su trabajo?

Escriba aquí su respuesta: ....

....

....

....

....

....

....

Actividad 9: Cada cliente "es un mundo"

Le solicitamos que una con flechas estableciendo la correspondencia entre la tipología de los compradores, su característica particular (descripción) y la mejor manera en que el vendedor debería presentarles el producto, de acuerdo con dicha tipología.

Tipología	Descripción	La mejor manera de presentarles el producto
1. Innovadores.	a. Clientes que esperan que los beneficios del nuevo producto se hagan evidentes.	1. El vendedor puede apelar a los comentarios favorables sobre el producto de otros usuarios.
2. Adaptadores iniciales.	b. Clientes que demoran en adquirir un producto, suelen ser los últimos.	2. Explicar muy bien qué utilidades tiene y cómo podrá beneficiarse el cliente.
3. Mayoría temprana.	c. Clientes que se convierten en tales cuando el producto alcanzó la etapa de madurez.	3. Resaltar la performance y el nivel de clientes que ya han adoptado el producto para disfrutarlo.
4. Mayoría tardía.	d. Primeros en comprar un nuevo producto.	4. El vendedor debe probar el funcionamiento del producto frente al cliente. Puede brindar el testimonio de otros usuarios que tuvieron buenas experiencias en el uso.
5. Rezagados.	e. Personas con buena educación y situación económica. Necesitan de una opinión colectiva o presión externa.	5. Para estos clientes, es conveniente mostrar la evolución y el éxito que ha tenido el producto hasta ese momento.

Actividad 10: ¿Cómo lo vendo mejor?

Lea la situación que le presentamos y, luego, responda la consigna de trabajo.

Manuel tiene un pequeño almacén dedicado a la venta de fiambres. Años de experiencia en el rubro le permiten saber que algo imprescindible en la mesa de los comensales es el pan y las distintas variedades de fiambre. Está dentro de la cultura del país la picada con ricos quesos y cuadraditos de jamón.

Los clientes que suelen frecuentar el local saben qué y cómo comprar estos productos; sin embargo, siempre hay algún nuevo cliente que necesita proveerse de estos productos y requiere orientación para adquirir lo que realmente está buscando. Es el caso de Martín, que quiere sorprender a su familia con un buen jamón, pero no sabe elegir entre las variedades que el local ofrece. En la pizarra del negocio aparece detallada la siguiente información:

Marca de jamón/pernil	Precio por cada 100 g
Horneado	60
De pierna	60
Ibérico	45
Serrano	40
Prosciutto	35

Aplicando la teoría de neuroventa, escriba los pasos que Manuel debería seguir para orientar primero, y vender después, el producto que solicita el cliente.

1. ....

2. ....

3. ....

Orientación de respuesta

<<<<<<<<<<<<<<<<<<<<<<<<<<<<<<<<<<<<<<<<<<<<<<<<<<<<<<<<<<<<<<<<<<<<<<<<<

Actividad 1: Autorreflexión. ¿Cómo soy como vendedor?

Sume el puntaje que corresponda según las respuestas seleccionadas.

Puntaje:

1.	a. 2 b. 0 c. 1
2.	a. 1 b. 2 c. 0
3.	a. 0 b. 1 c. 2
4.	a. 1 b. 2 c. 0
5.	a. 0 b. 2 c. 1
6.	a. 2 b. 0 c. 1
7.	a. 1 b. 2 c. 0
8.	a. 0 b. 1 c. 2
9.	a. 1 b. 2 c. 0
10.	a. 2 b. 1 c. 0
11.	a. 0 b. 2 c. 1
12.	a. 2 b. 0 c. 1
13.	a. 0 b. 1 c. 2

¡Tome nota!
Puntaje total de mis respuestas: ....

Ahora veamos...
Si obtuvo:

De 22 a 25 puntos
¡Es usted un experto! Es un fiel reflejo del Método de Venta Neurorrelacional. Lo invitamos a superarse día a día: continúe por este camino. No pierda de vista que la relación que mantenga con sus clientes será lo más importante y aquello que le permitirá crecer con su recomendación.

De 18 a 21 puntos
Está claro que actualmente tiene en cuenta los puntos más importantes del Método de Venta Neurorrelacional. Entonces, aproveche esta oportunidad para trabajar en sí mismo, para observarse, conocerse como producto y aprender de sus fortalezas y debilidades.

De 13 a 17 puntos
Tenemos el punto de partida. ¡Bien!
Este puntaje refleja que usted tiene una visión de aquello que hace a un buen vendedor neurorrelacional. Tiene conciencia de aquello desde donde se parte: el cliente, saber que está ahí, que ocupa un espacio, que tiene una intención. Y que usted, por sobre todas las cosas, debe ser su aliado en el tiempo.
Ahora, también es cierto que actualmente está perdiendo oportunidades.
Debemos trabajar "hilando fino", retomando aquellos capítulos del libro *Neuroventas* que le permitirán corregir cualquier desviación que esté cometiendo actualmente. Revise aquellos puntos tales como las etapas del Método de Venta Neurorrelacional y los detalles de cada etapa, para perfeccionarse como vendedor.

Menos de 13 puntos
La intención está, pero...
Creemos que su foco de atención está centrado en aquellas características que hacen al vendedor, pero está olvidando lo más importante: ¿a quién le va a vender? ¿A través de qué? El libro está al alcance de su mano. Hágase amigo de él, llévelo consigo. Lea y relea todo lo que haga falta.

Actividad 2: Participando en un foro

Usted pudo haber enfocado la actividad desde diferentes ángulos de análisis; sin embargo, los conceptos que no deberían faltar son los que se explicitan a continuación.

Para que la relación entre el cliente y el vendedor perdure en el tiempo es conveniente considerar cuestiones tales como *tener confianza en uno mismo*. Susana así lo entiende, ya que expresa: *Siempre hay que ser positivo para lograr lo bueno que queremos.* Esto se vincula con la *visualización creativa*, es decir, utilizar la imaginación para influir en el logro de los objetivos, modificando determinados neurocircuitos de un modo consciente. Esta confianza puede observarse en nuestras posturas, nuestros gestos. Por eso, como bien dice José, *en la preparación de la venta es necesario frenar imágenes mentales negativas, que generen malos recuerdos.* Y a veces, para lograrlo, debemos apelar a la imaginación.

Por su parte, Rogelio menciona lo relevante de la preparación previa: *Es muy importante tener fichas con toda la información previa que podamos reunir, con comentarios importantes que hayamos podido consignar de ventas anteriores...*

Actividad 3: ¿Qué está faltando?

1. Priorizar una relación con el cliente que perdure en el tiempo.
2. Buscar indicios relacionales.
3. Tener en cuenta los mensajes verbales, no verbales y kinestésicos que emite el cliente.
4. Elegir un lugar estratégico para la venta.
5. Asignarles valor a las palabras y expresiones que más conviene utilizar según el cliente con el que estamos interactuando.
6. Organizar la presentación.
7. Descomprimir los primeros momentos dialogando sobre temas que no son motivo de la reunión y que inferimos pueden ser de interés del cliente.

Actividad 4: La mejor manera de no dejar pasar la oportunidad

Ilustración 1:
Está usted en lo correcto. Me ha faltado aclararle que el modelo que le cotizamos es 0 km y automático, frente al modelo del año pasado que le coticé anteriormente. Este último no lo tenemos disponible ya que el producto que se está vendiendo con éxito es el automático, cuyo precio apenas supera al del anterior, pero mejora sustancialmente el valor y la performance.
Ilustración 2:
Desde luego, tiene usted razón. Los precios que le hemos pasado anteriormente corresponden a un producto diferente, del que actualmente no disponemos, ya que se ha reemplazado con el nuevo. Este apenas muestra un aumento, pero es superior al anterior en todos los aspectos.

Actividad 5: ¿Hay uno más efectivo?

a. La comunicación efectiva se realiza a través de diferentes canales y abarca la totalidad de alternativas. Por ello, no se puede decir que una es mejor que otra. La elección dependerá de factores tales como el producto a vender, las características del cliente, y la relación costo-beneficio que nos otorgue cada una en el momento dado. Cada canal puede aportar y sinergizar positivamente para crear el ambiente propicio para la venta. También es importante considerar que, en algunos procesos o sistemas, se combinan varios de estos canales como práctica habitual.

b. **Comunicación telefónica**
   * Ventajas: Ofrece mucha flexibilidad para lograr la comunicación, sin tener un costo elevado localmente. Permite trabajar con muchas técnicas verbales de negociación y permite una comunicación más directa que un email o mensaje.
   * Desventajas: Es menos personal que la conversación directa al no permitir que las personas se vean; posibilitando trabajar desde la entonación y las palabras, pero no desde los gestos. Requiere atención en el momento de la comunicación y puede generar resistencia de muchos prospectos a tomar llamadas de venta si se encuentran realizando otras tareas, o si se trata de generaciones más jóvenes y menos favorables a este canal. Requiere de otros sistemas para mostrar elementos visuales.

   Comunicación por video chat
   * Ventajas: Permite incorporar el lenguaje gestual en forma parcial y utilizar técnicas de venta más complejas, permitiendo "leer" al interlocutor de una forma más precisa.
   * Desventajas: Exige mayor preparación que otras modalidades, está poco difundido en generaciones menos jóvenes o menos tecnologizadas y está más enfocado a ventas profesionales.

   Comunicación por e-mail (correo electrónico)
   * Ventajas: Permite una mayor flexibilidad para responder y al cliente manejar la respuesta en sus propios tiempos. Está muy difundido y tiene un nivel de costos muy bajo, especialmente cuando se trata de envíos directos, no masivos. Permite utilizar recursos visuales, mostrar información muy diversa y generar una aproximación cómoda.
   * Desventajas: Es impersonal y no permite el uso de técnicas avanzadas, generación de empatía o retroacción sobre las objeciones del cliente. No permite presionar fácilmente la decisión de compra ni conocer la disposición del cliente para continuar con el proceso de compra.

   Comunicación por Facebook, LinkedIn, redes sociales
   * Ventajas: Permite manejar contactos fiables, utilizar redes de contactos propias y ajenas, impulsar las acciones a través de los motores de cada red y los beneficios propios de este mecanismo en combinación con las acciones promocionales ofrecidas por estas empresas.

- Desventajas: Dependiendo de la red, puede o no estar bien visto el uso de la red para negociación. Rara vez permite el uso de técnicas elaboradas para vender y tiene las desventajas añadidas del e-mailing. El uso de los motores internos puede resultar costoso para algunos productos o servicios. No siempre es posible generar una base de datos con los nombres de los potenciales clientes.

WhatsApp, mensajes de texto

- Ventajas: Es el sistema más inmediato de todos, permite obtener respuestas rápidas, al mismo tiempo que se respetan los tiempos del prospecto. Es un buen complemento de otros medios de venta como iniciador del proceso de venta o para continuarlo, dependiendo de la generación del cliente, siempre que la comunicación sea personal y directa, sin envíos masivos.
- Desventajas: Puede ser poco aceptado y tener un bajo nivel de aceptación entre los destinatarios en determinados estratos etarios y sociales, especialmente en generaciones menos jóvenes. Necesita ser complementado por otros métodos.

Actividad 6: ¿Hay empatía?

Según el neuromarketing, la empatía es la capacidad que tienen determinadas personas para conectarse con otras y ponerse en su lugar, acompañarlas en sus sentimientos y comprenderlas. Siguiendo esta línea, en las tres situaciones podemos identificar empatía de los vendedores hacia los clientes.

Así, por ejemplo, en la *situación 1*, el vendedor lamenta que el cliente no pueda hacer uso del servicio técnico sin cargo para reparar su microondas, ya que la garantía del producto caducó recientemente. En tanto que en la *situación 2*, la directora siente alegría cuando la madre del alumno Ramiro le comenta que su hijo fue convocado por uno de los clubes de fútbol más importantes del país para integrar el equipo infantil. Y en la *situación 3*, la vendedora se pone en la piel de la clienta que tuvo dificultades con una prenda antes de poder estrenarla. Las situaciones reflejan, también, que los vendedores fueron capaces de registrar el tono de voz y el tipo de respiración de los clientes junto con sus estados emocionales, y actuaron en consecuencia.

Asimismo, observamos que si bien los vendedores no les concedieron a los clientes sus pedidos ni les dieron la razón, porque no podían hacerlo, reaccionaron de buena manera frente a sus reclamos, conteniéndolos en todos los casos.

Actividad 7: ¿Qué nos dicen las imágenes?

- *Imagen 1:* El vendedor logra un mayor nivel de empatía cuando se pone en el lugar del cliente, procura ver la realidad desde el punto de vista de él, detectando oportunidades y objeciones desde allí.
- *Imagen 2*: La mejor forma de convencer para recibir una colaboración gratuita radica en generar lástima con empatía. Una forma es mostrando al otro que podría ser él quien se encontrara en ese lugar algún día.

- *Imagen 3*: Este proverbio indio bien puede considerarse en relación con la empatía en las ventas. Cuando nos ponemos en el lugar del otro, en el lugar del cliente, en "sus zapatos", podremos lograr una mejor comunicación, interpretar su realidad y actuar en consecuencia.
- *Imagen 4*: Como clientes, preguntarnos qué dicen, qué oyen, qué piensan y qué ven nuestros clientes, es una manera de lograr una conexión, ponerse en la situación del otro para obtener un compromiso afectivo, incluso incorporando su propia modalidad comunicacional.

Actividad 8: ¿Es realmente lo que el cliente necesita?

A partir de la neuroventa, el concepto de la retracción consiste en volver hacia atrás en la acción que provocó (como resultado) un determinado requerimiento en el sistema de toma de decisiones del cliente. En este sentido, y analizando la situación planteada, es necesario investigar cuáles son las verdaderas necesidades del cliente y si existe una única opción satisfactoria. Para esto, hay que escuchar muy bien lo que el cliente quiere transmitir para interpretar sus deseos y, de acuerdo con esto, recomendarle lo que mejor se adapte a sus necesidades.

Actividad 9: Cada cliente "es un mundo"

1. 4 – b
2. 2 - d
3. 1 – c
4. 3 – a
5. 5 – e

Actividad 10: ¿Cómo lo vendo mejor?
1. Escuchar al cliente.
2. Determinar para qué ocasión requiere el producto; cuándo y cómo piensa utilizarlo.
3. Preguntarle acerca de sus experiencias con productos similares.
4. Utilizar las palabras del cliente para describir el producto.

DESARROLLO COMUNICACIONAL DEL VENDEDOR

Actividades

◇◇◇

Actividad 1: Test de escucha activa del vendedor

Autoevalúe su capacidad de escucha como vendedor. A través de las respuestas podrá tomar conciencia acerca de si es capaz de:
- Escuchar sin interrumpir.
- Escuchar prestando atención.
- Escuchar más allá de las palabras.
- Escuchar incentivando al otro a profundizar.

Preguntas	Sí	No
1. Si me doy cuenta de lo que el cliente está por preguntar, me anticipo y le contesto directamente, para ahorrar tiempo.		
2. Mientras escucho al cliente, me adelanto mentalmente en el tiempo y me pongo a pensar en lo que le voy a responder.		
3. En general procuro centrarme en lo que está diciendo el otro, sin considerar cómo lo está expresando.		
4. Mientras estoy escuchando, digo cosas como: *¡Ajá! Hum... Entiendo...*, para hacerle saber a la otra persona que le estoy prestando atención.		
5. Creo que a la mayoría de los clientes no les importa que se los interrumpa... siempre que se los ayude en sus problemas...		
6. Cuando escucho a algunos clientes, mentalmente me pregunto: ¿por qué les resultará tan difícil ir directamente al punto?		
7. Cuando un cliente, realmente enojado, expresa su cólera por la disconformidad con un producto adquirido, lo ignoro y pienso en otra cosa.		
8. Si no comprendo lo que una persona está solicitando o necesitando, hago las preguntas necesarias hasta entenderla y poder orientarla correctamente.		
9. Solamente discuto con un cliente cuando sé positivamente que estoy en lo cierto.		
10. Dado que he escuchado las mismas quejas y protestas infinidad de veces, generalmente me dedico mentalmente a otra cosa mientras escucho.		

Preguntas	Sí	No
11. Si una persona tiene dificultades para comunicar lo que quiere averiguar/comprar, generalmente la ayudo a expresarse.		
12. SI no interrumpiera a las personas de vez en cuando, ellas terminarían hablándome durante horas.		
13. Cuando una persona me dice tantas cosas juntas que siento superada mi capacidad para retenerlas, trato de poner mi mente en otra cosa para no alterarme.		
14. Si una persona está muy enojada, lo mejor que puedo hacer es escucharla hasta que descargue toda la presión.		
15. Si entiendo lo que una persona me acaba de decir, me parece redundante volver a preguntarle para verificar.		
16. Cuando un cliente está equivocado acerca de algún punto de su problema, es importante interrumpirlo y hacer que replantee ese punto de manera correcta.		
17. Cuando he tenido un contacto negativo con un cliente (discusión, pelea...) no puedo evitar seguir pensando en ese episodio... aun después de haber iniciado un contacto con otra persona.		
18. Cuando les respondo a las personas, lo hago en función de la manera en que percibo cómo ellas se sienten.		
19. Si un cliente no puede decirme exactamente qué quiere de mí, no hay nada que yo pueda hacer.		

Fuente: Ministerio de Educación de Perú.

Actividad 2: ¡Atención al comunicar!

Dice Michael Jordan: *Convierte siempre una situación negativa en una positiva.* Cumpliendo con su pedido, le solicitamos que, en cada caso, reescriba la oración de manera positiva y alentadora, sin que cambie el sentido.

1. Eso no lo tenemos.

2. ¿No le gustaría?

3. Eso está mal.

4. No puede hacer el reclamo acá.

5. Está en un error.

6. No voy a esperar hasta ese momento.

7. No puedo hablar ahora.

8. No tengo variedad.

9. Esto es horrible.

10. Nunca uso este producto.

11. Es muy oscuro.

Actividad 3: Los signos dicen mucho

La forma en que se escribe y se habla afecta la percepción del interlocutor. Si bien existen medios en que los signos de puntuación se usan adrede de forma incorrecta –como la mensajería instantánea–, aun así, afecta la percepción del interlocutor. Del mismo modo que al hablar, las pausas y los énfasis son en gran parte debido a los signos, pudiendo cambiar completamente el sentido de una frase. A partir de las siguientes expresiones, escriba otras posibilidades de interpretación, según sean modificados los signos de puntuación originales.

1. Café, puro y copa a un peso cada uno son... tres pesos.

   ....
   ....

2. No está mal eso.

   ....
   ....

3. No se lo dijo.

   ....
   ....

4. Mi tía estuvo con Raquel y Teresa y tus abuelos llegaron después.

   ....
   ....

5. No espere.

   ....
   ....

6. No tenga clemencia.

   ....
   ....

7. Vamos a perder, poco se resolvió.

   ....
   ....

Actividad 4: Encontrando errores de comunicación

Identifique, en los afiches, los errores en la comunicación. Escriba correctamente los textos, en el recuadro preparado para ello.

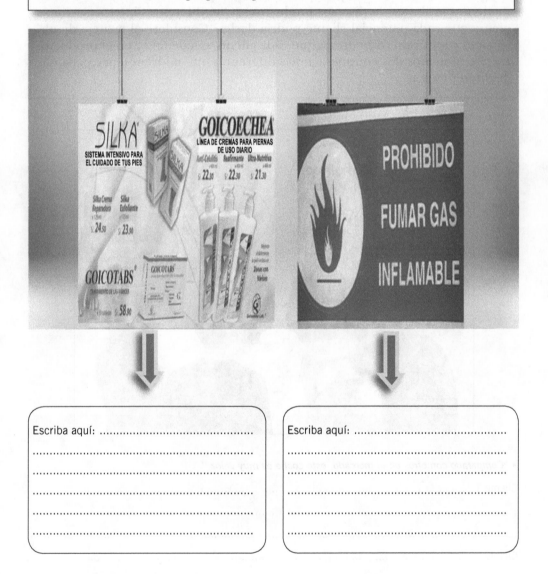

Escriba aquí: ....
....
....
....
....
....

Escriba aquí: ....
....
....
....
....
....

Actividad 5: ¿De cuántas maneras diferentes se puede interpretar lo mismo?

Luego de observar el dibujo, ¿qué reflexiones puede realizar acerca de los siguientes atributos de diversos productos? ¿Qué diferentes interpretaciones piensa que cada potencial cliente podría darles? Considere el manejo de objeciones y los distintos intereses que cada cliente puede tener en el producto. Escriba al menos dos consideraciones diferentes que podrían tener personas de diferente tipo.

• *"Comparado con otros en el mercado, este coche es muy veloz."*

Cliente 1: ....

....

....

Cliente 2: ....

....

....

• *"Esta computadora es muy barata actualmente."*

Cliente 1: ....
....
....

Cliente 2: ....
....
....

• *"Le recomiendo adquirir este sistema de audio, puede alcanzar un volumen sorprendentemente alto."*

Cliente 1: ....
....
....

Cliente 2: ....
....
....

Actividad 6: Un correo electrónico. Similitudes y diferencias

En neuroventas, el lenguaje y las formas utilizadas para responder un correo electrónico son tan importantes como lo que dice el vendedor oralmente.

En función de esto, supongamos que Mariana Giménez, una persona que está buscando un departamento en alquiler en el centro de la ciudad, se acerca el mismo día a dos inmobiliarias y, posteriormente, se contacta con los vendedores vía electrónica.

Lea los intercambios por mail que presentamos a continuación. Compare las respuestas de los dos vendedores, desde el punto de vista comunicacional. ¿Qué similitudes y diferencias encuentra usted?

En cada respuesta, resalte los puntos que más le llamen la atención y saque sus propias conclusiones a partir de eso.

Inmobiliaria "A"

Consulta

mariana<marianal20@gmail.com   22/04/17

para Julio

Hola Julio:
Soy Mariana Giménez; no sé si me recuerda. El viernes pasado estuve en la inmobiliaria y le pregunté por alquileres en la zona céntrica de la ciudad. Usted me comentó sobre las propiedades disponibles a la fecha y acordamos comunicarnos para poder acordar las visitas. ¿Cuándo puedo conocer los departamentos? Espero su respuesta.
Un saludo, Mariana

Re: Consulta

Julio Gómez   29/04/17

para mí

Hola Mariana!
Buen día. Sí, cómo no recordar su consulta... Recuerdo que le mencioné los seis departamentos que estaban en alquiler. En este momento puedo mostrarle dos, porque los otros ya están ocupados. Si me facilita su número de celular, la contactaré así combinamos las visitas. Mientras tanto, le adelanto un link con la ficha técnica y fotos de las propiedades: www.inmobiliariaa.com/alq101 y www.inmobiliariaa.com/alq102
Saludos, Julio

Inmobiliaria "B"

Consulta

mariana<marianal20@gmail.com   22/04/17

para Luis

Hola Luis:
Soy Mariana Giménez; no sé si me recuerda. El viernes pasado estuve en la inmobiliaria y le pregunté por alquileres en la zona céntrica de la ciudad. Usted me comentó sobre las propiedades disponibles a la fecha y acordamos comunicarnos para poder acordar las visitas.
¿Cuándo puedo conocer los departamentos?
Espero su respuesta.
Un saludo, Mariana

Re: Consulta

Luis Canale   23/04/17

para mí

Hola Mariana:
Buen día. Muchas gracias por su comunicación. Sí, claro, tengo presente su consulta.
Recuerdo lo que conversamos sobre los departamentos disponibles en la zona del centro.
Aquí le envío un link a la ficha técnica de las propiedades para que pueda ver fotos y conocer información básica de cada inmueble junto con las condiciones de locación.
www.inmobiliariab.com/zonacentro
Ingresando a nuestra página web puede agendar usted misma la visita al departamento que le interese.
Nos vemos, entonces, cuando lo desee.
Un saludo cordial, Luis

Luis Canale
Vendedor
Inmobiliaria "B"
luisc@ventas.com

Actividad 7: ¡Atención a los códigos en la comunicación!

Lea el intercambio de mails que sigue, y luego responda las preguntas que se plantean.

Primer envío: Reclamo del cliente
Hora 12:00 del día lunes

Buenas tardes. He adquirido un calefactor hace una semana. Al intentar ponerlo en funcionamiento me encontré con la SORPREEEEEEEEESA de que no funcionaba. ¡Esto no puede ser!!!!! 😡 😡 😡
Estoy muy MOLESTA, por eso me dirijo a usted para efectuarle el reclamo. Me estoy replanteando si seguir comprando en su local las próximas veces que lo necesite.

Mi orden de compra es la N° 000454647489. Aguardo su respuesta con una solución.

Susana Méndez

Segundo envío: Respuesta del negocio
Hora 12:30 del día lunes

Hola Susana. Lamentamos el desperfecto que describe. Y desde ya, la esperamos en el local para hacer el cambio. Además, le daremos una orden de compras para resarcir el inconveniente. Espero que pueda aceptar nuestras disculpas.

Atte., Lic. Pablo Juárez, Coordinador de Servicio al Cliente

Tercer envío: Respuesta del cliente
Hora 16:30 del día martes

Estimado Lic. Pablo Juárez. No alcanzan las palabras para decirle ¡¡¡¡GRACIAS!!!!! por su pronta respuesta :). Voy a acercarme mañana por la mañana para efectuar el cambio sabiendo que ahora cuento en forma incondicional con el apoyo y la contención de su local. Espero poder verlo.
Saludos cordiales 😊 😊 😊 😊 😊

Susana

Responda:

1. ¿Hubo posibilidad de comunicación, a pesar de la mediación tecnológica? ¿Por qué?

2. ¿Cuáles son los códigos gráficos y lingüísticos que el vendedor debe conocer y saber interpretar?

....

....

....

....

....

....

....

....

....

....

Actividad 8: Efectividad comunicacional

Es momento, ahora, de analizar la efectividad de la comunicación entre vendedor y cliente. Para ello, lo invitamos a "leer" con atención las siguientes imágenes. ¿Cuán efectivas son estas dos situaciones comunicacionales? ¿Por qué? Una vez que haya contestado estos interrogantes, compare su respuesta con la nuestra.

Situación A

Escriba aquí: ....
....
....
....
....
....
....

Situación B

Sí, voy a llevar este perfume, porque me agrada la fragancia floral. ¡Muchas gracias por su amable atención!

Escriba aquí: ....
....
....
....
....
....
....

Actividad 9: Lo hizo, lo dijo y lo pensó

A continuación presentamos un diálogo entre Myriam y Rafael, su superior. Myriam está tratando de vender su proyecto.

La columna de la izquierda presenta "lo que ha dicho" específicamente en la conversación, la columna central "lo que hizo" y la columna de la derecha presenta "lo que Myriam pensó y sintió" durante la conversación, pero no dijo.

1. Identifique en el diálogo las percepciones conscientes y metaconscientes de Myriam y Rafael.

2. ¿De qué manera puede determinar los sistemas de percepción que imperan en este diálogo?

Lo que se dijeron Myriam y Rafael	Lo que Myriam hizo	Lo que Myriam no dijo
Myriam: *Gracias por aceptar la reunión. Sé que está muy ocupado.*	Amplia sonrisa. Extiende su brazo para darle un apretón de manos.	*Ahhh, qué suerte. Ya llegó. Cosa rara pues nunca está puntualmente. Qué linda tiene su oficina. Y qué linda música. Me gustaría llegar a tener algo parecido algún día.*
Rafael: *Buen día Myriam. Tome asiento por favor* (extiende su mano mientras mira el monitor de la PC). *Aquí estoy para hablar del tema que me anticipó ayer. Eso sí, me tengo que ir rápido porque tengo una serie de reuniones. ¿Cuál es la información de ventas que quería transmitirme? Trate de ser lo más concisa posible* (dice, ahora mirando el reloj).	Se sienta en la orilla de la silla. Ya no sonríe, al contrario, su cara se tensa y mira hacia la ventana.	*¿Por qué tiene que irse tan rápido? ¿Acaso no le importa lo que tengo que decirle? No puedo tratar este tema a las corridas.*
Myriam: *En este momento tenemos 12 nuevos puntos de venta con nuevos empleados también que se están capacitando en neuromarketing.*	Retoma su sonrisa.	
Rafael: *Sí, es cierto. Es un ambicioso proyecto de la compañía* (se levanta y toma unos papeles de su escritorio). *Me gustaría mostrarle estos* slides *acerca del avance del proyecto.*	Presta atención a Rafael.	*¿Cómo puede pensar que es un proyecto ambicioso? Si tuviera en consideración a las personas que aquí trabajan, se daría cuenta de que esta capacitación es lo menos que deben recibir para lograr el incremento de las ventas.*

Myriam: *El caso es que los antiguos empleados también quieren participar del curso...*	Desvía la mirada hacia el cuaderno, entrecerrando los ojos y tomando notas.	
Rafael: (interrumpiendo) *Pero eso es imposible. No contamos con recursos económicos ni el tiempo necesario. Pero quizá más adelante podamos organizar algo. Lamentablemente tengo que irme ya. Lo seguimos en otro momento.*	Se queda inmóvil y saluda.	*Lo odio cuando me interrumpe. ¿Por qué ocurre esto cada vez que hablamos? Nunca acordamos nada.*

Escriba aquí su análisis de la situación: ....
....
....
....
....
....
....
....
....

Actividad 10: Percepción metaconsciente

En la actividad de ventas los mensajes son captados por el cliente a través de diversos medios de percepción. Por eso, agudizar los sentidos, registrar todos los mensajes, recibirlos y responder en consecuencia son pasos importantes en el desarrollo de las cualidades comunicacionales de un vendedor. Teniendo en cuenta que el ser humano recibe los mensajes que se le envían en dos planos simultáneamente, el consciente y el metaconsciente, analice la siguiente situación para identificar el mensaje metaconsciente que se puede observar en ella.

El matrimonio Ortíguez, integrado por Mario y Elisa, desde hace algunos meses está teniendo dificultades con la empresa de medicina prepaga que contrataron tiempo atrás. Los inconvenientes se vinculan, fundamentalmente, con cuestiones administrativas; por ejemplo, el funcionamiento del sistema de pagos y la aplicación on-line para gestionar turnos son ineficaces y todo se torna sumamente burocrático. Cansados de estos problemas, los Ortíguez decidieron comenzar la búsqueda de otro sistema de salud.

Por ello, Mario se acerca a una oficina comercial de MX S.A., una compañía de medicina prepaga con fuerte posicionamiento en el mercado. El personal de Recepción lo derivó a uno de los vendedores.

La conversación entre el representante de MX S.A., Antonio, y el prospecto, Mario, transcurrió bajo un clima de cordialidad, en un ambiente con música funcional, cómodo y agradable. Antonio respondió con claridad cada una de las preguntas y objeciones de Mario acerca de las prestaciones, los diversos planes y aranceles ofrecidos; además, le obsequió dos consultas médicas sin cargo para que tanto él como su esposa puedan conocer la calidad del servicio.

Cabe mencionar que este vendedor, Antonio, se caracteriza por tener una imagen personal muy cuidada. Su uniforme gris y blanco luce siempre pulcro, y su calzado "brilla"; Antonio sabe que su presencia transmite "muchas cosas" a los clientes, por eso está atento a todos los detalles.

Al regresar a su casa, Elisa le preguntó a su esposo cómo le resultó la entrevista y qué le pareció el servicio que ofrece la empresa. Mario le comentó que todo le pareció impecable y que está de acuerdo con asistir a la consulta sin cargo. Su esposa le transmitió que ella también concurrirá. Conversaron, luego, sobre los planes y aranceles, comparándolos con los servicios que tienen actualmente.

A partir de esta situación, le pedimos que conteste las siguientes preguntas seleccionando la opción de respuesta que considere más apropiada para cada caso.

1. **¿Qué habrá percibido Mario en forma consciente durante la entrevista?**
   a. Observó las instalaciones y la vestimenta del vendedor.
   b. Escuchó los argumentos del vendedor.
   c. Las dos anteriores.

2. **¿Qué percibió en forma metaconsciente?**
   a. La buena imagen del vendedor y de la empresa.
   b. El color de la vestimenta del vendedor.
   c. Las dos anteriores.

3. **Antonio, el vendedor, ¿manifestó tener cualidades comunicacionales?**
   a. Sí, porque pudo comunicarse con el cliente potencial respondiendo a sus requerimientos.
   b. Sí, porque sabe que la imagen personal también comunica.
   c. Las dos anteriores.

Actividad 11: Sistemas de percepción

Cada persona tiene un sistema de preferencia, tanto a nivel sensorial como de representación interna, por el que capta y registra la información que recibe. Detectar si un cliente es preferentemente visual, auditivo o kinestésico es fundamental para desarrollar una estrategia comunicacional adecuada.

En las siguientes situaciones, ¿qué vendedor tiene dificultad para identificar el sistema de percepción del prospecto? Preste atención a la expresión de cada prospecto y a la respuesta del vendedor. Una vez que haya finalizado, autoevalúese leyendo la clave de corrección.

Situación "A"

Situación "B"

Situación "C"

Actividad 12: Entre gestos y conversaciones

A partir de las ilustraciones:
1. Describa el significado de los gestos de cada uno de los personajes.
2. Escriba las deducciones que puede hacer a partir de las situaciones presentadas.

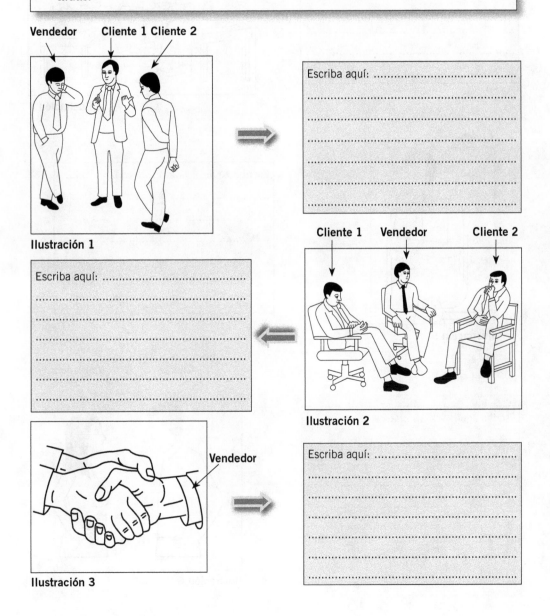

Escriba aquí: ....
....
....
....
....
....
....

Vendedor   **Cliente 1**   **Clienta 2**

Ilustración 4

Cliente

Ilustración 5

Escriba aquí: ....
....
....
....
....
....
....

Escriba aquí: ....
....
....
....
....
....
....

Cliente   **Vendedora**

Ilustración 6

Vendedor   Cliente 1   Cliente 2

Ilustración 7

Escriba aquí: ....
....
....
....
....
....
....
....
....
....

Escriba aquí: ....
....
....
....
....
....
....
....
....
....

Cliente 1   Cliente 2   Vendedora 1

Ilustración 8

Actividad 13: El cuerpo habla...

En neuroventas, el lenguaje no verbal es de suma importancia, ya que tanto el cliente como el vendedor, a través de sus gestos y movimientos, comunican más allá de lo que es posible imaginar. El vendedor neurorrelacional, por eso, tiene que ser capaz de escuchar, ver, oír y sentir tanto lo que le dice el cuerpo del cliente como lo que expresa su propia corporalidad.

Observe las siguientes imágenes e interprete qué comunican los gestos que ve. Seleccione la opción de respuesta que corresponda en cada caso.

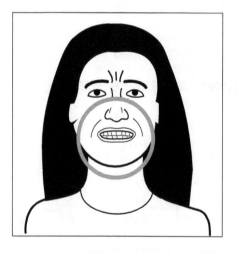

- Este rostro expresa enojo, debido al ceño fruncido, la dureza de la mirada, la tensión en los labios.
- Este rostro refleja temor, ya que la boca está abierta y el párpado superior está levantado.
- Ninguna de las anteriores.

- Esta persona manifiesta aburrimiento, tal como lo reflejan sus ojos cerrados.
- Esta persona transmite su malestar y/o preocupación, ya que se toca el rostro y mantiene sus ojos cerrados.
- Esta persona expresa su intención de adaptarse a una situación con la que no está de acuerdo.

- Estas manos se proponen reforzar el mensaje verbal.
- Estas manos expresan noción sobre el tamaño de algún objeto.
- Ninguna de las anteriores.

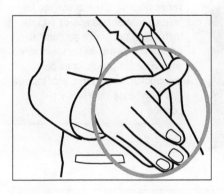

- La palma de esta mano comunica honestidad, porque está abierta hacia arriba.
- Esta persona extiende la palma de la mano hacia arriba, lo que indica respeto hacia su interlocutor.
- Ninguna de las anteriores.

Actividad 14: Espacios y posturas, ¡hablan por sí solos!

Describa cada una de las siguientes imágenes teniendo en cuenta lo recomendado por la neuroventa sobre uso de los espacios, posturas y oficinas. Para ello, tenga en cuenta el breve relato que acompaña cada ilustración.

Susana está interesada en comenzar a estudiar una carrera universitaria luego de haber sido mamá hace varios años ya. Cuenta con muy buenas referencias acerca de una institución próxima a su domicilio, y decide ir a averiguar personalmente acerca de las condiciones de inscripción, calendario, etc. Ingresa a la Oficina de Informes y allí percibe...

Ilustración 1

Escriba aquí: ....
....
....
....
....
....
....
....
....
....
....
....

Ilustración 2

La familia Pérez enfrenta un momento delicado: el padre de Roberto ha enviudado recientemente, a los 80 años, y quizá por esa razón (y por su edad, por supuesto) está con algunos problemas de salud: dolores en las rodillas, dificultad para desplazarse, algunos problemas de visión. Si bien el Estado le ofrece una cobertura médica, esta es muy básica y no da la suficiente tranquilidad a la familia. Por estos motivos el hijo de Roberto, Francisco, se acerca a una empresa de medicina prepaga para recibir información acerca de las posibilidades de ingresar a su padre en un plan de cobertura. Al ingresar se encuentra con...

Escriba aquí: ....
....
....
....
....

Ilustración 3

La empresa telefónica TeleSí, ofrece servicios de telefonía a un importante sector de la población. Su directorio está integrado por gente joven, con nuevas ideas acerca de, por ejemplo, el capital humano. Es por ello que en sus oficinas puede verse...

Escriba aquí: ....
....
....
....
....

Trabajar en espacios colaborativos, con muchos potenciales colegas en grandes ambientes y sin divisiones, sacrificando la privacidad, tiene ventajas y desventajas. Para un vendedor...

Ilustración 4

Escriba aquí: ....
....
....
....
....

Muchas empresas como esta han optado por reciclar casas en barrios residenciales donde el ritmo de trabajo funciona diferente y las relaciones con el cliente se abordan de otra manera, donde cambia la ecuación profesionalismo-formalidad...

Ilustración 5

Escriba aquí: ....
....
....
....
....

Si bien un escritorio o una mesa hacen cómodo el diálogo o proceso de venta, los espacios abiertos pueden agregar ventajas...

Ilustración 6

Escriba aquí: ....
....
....
....
....

Los ambientes donde se trata con colegas y clientes han cambiado mucho y difieren según el tipo de negocio: cubículos, mostradores, escritorios, mesas redondas...

Ilustración 7

Escriba aquí: ....
....
....
....
....

Actividad 15: ¿Verdadero o falso?

Las técnicas de autorregulación emocional son de suma importancia en el campo de la neuroventa, porque permiten que el vendedor no solo pueda establecer mejores relaciones con los clientes, sino también que se sienta bien consigo mismo y viva en armonía con los demás. Pero, ¿cuáles son, específicamente, las ventajas que estas técnicas ofrecen al vendedor? Lea las siguientes afirmaciones e indique con una cruz (X) si son verdaderas o falsas.

Ventajas de las técnicas de autorregulación emocional	V	F
1. Mejoran las capacidades de atención, aprendizaje, planificación y toma de decisiones.		
2. Enriquecen las relaciones dentro y fuera del ámbito laboral.		
3. Mejoran en forma significativa el bienestar económico del vendedor.		
4. Disminuyen la ansiedad y, también, el cansancio del vendedor.		
5. Aumentan los niveles de tolerancia frente a situaciones difíciles y ante clientes complicados.		
6. Enriquecen las relaciones tanto con pares como con superiores.		

Orientación de respuesta

<hr>

Actividad 1: Test de escucha activa del vendedor

Consigna: en cada tipo de escucha, sume el puntaje que corresponda según la pregunta y compare su resultado con la tabla.

Escuchar sin interrumpir

En las preguntas 1, 5, 9, 13, 17: sumar 1 punto por cada respuesta negativa.

Puntos	Resultados
5	Usted sabe escuchar sin interrumpir. Su paciencia le permitirá generar muy buenas relaciones.
4-3	A veces usted se pone a hablar por encima de lo que dice el cliente. Si permitiera que terminara antes de comenzar a hablar, sus contactos serían más simples y satisfactorios.
2-0	Usted parece estar tan ansioso por hablar que no puede escuchar... ¿Cómo puede relacionarse con sus clientes si no los escucha?

Escuchar prestando atención

En las preguntas 2, 6, 10, 14, 18: sumar 1 punto por cada respuesta negativa.

Puntos	Resultados
5	Usted tiene disciplina y serenidad para prestar a los clientes la atención que merecen. Esto le permitirá desarrollar excelentes relaciones interpersonales que redundarán en muy buenas ventas.
4-3	Si pudiera no desconcentrarse, lograría contactos personales más duraderos y satisfactorios.
2-0	Seguramente con frecuencia se encuentra diciendo: *¿Qué? ¿Cómo? ¿Qué dijo?* Reconozca que entender a las personas requiere el 100% de su atención.

Escuchar más allá de las palabras

En las preguntas 3, 7: sumar 1 punto por cada respuesta negativa.
En las preguntas 11, 15, 19: sumar 1 punto por cada respuesta positiva.

Puntos	Resultados
5	Es un oyente empático... Logra percibir cómo se sienten las personas con las que dialoga... Usted tiene la capacidad para entender y ayudar a las personas.
4-3	Usted se da cuenta de cómo se sienten las personas... pero le da más peso al mensaje explícito...
2-0	Usted no parece darse cuenta de cómo se sienten las personas con las que habla.

Escuchar incentivando al otro a profundizar
Preguntas 4, 8, 12: 1 punto por cada respuesta positiva.
Preguntas 16, 20: 1 punto por cada respuesta negativa.

Puntos	Resultados
5	Usted hace todo lo necesario para que la otra persona se pueda expresar. Logrará contactos muy satisfactorios.
4-3	Usted es un oyente activo... pero no está haciendo todo lo posible para comunicarse mejor.
2-0	Usted parece no querer involucrarse demasiado en sus contactos.

Actividad 2: ¡Atención al comunicar!

1. Sí, disponemos de una alternativa.
2. ¿Le gustaría? (Aquellas preguntas que comienzan con un "no", seguramente tendrán como respuesta un "no").
3. No es del todo correcto.
4. Si me permite, le recomiendo...
5. Creo que no está en lo cierto.
6. Creo que puedo resolverlo a tiempo.
7. Quiero que hablemos, ¿te parece a las...?
8. Prefiero trabajar con un estilo solamente, porque...
9. No es lo que esperaba.
10. No acostumbro utilizar este producto.
11. Es poco luminoso.

Actividad 3: Los signos dicen mucho

1. Café puro y copa a un peso cada uno son... dos pesos.
2. No, está mal eso.
3.
    3.1. No, se lo dijo.
    3.2. ¿No se lo dijo?
    3.3. No, ¿se lo dijo?
    3.4. No sé, ¿lo dijo?

4. Mi tía estuvo con Raquel, y Teresa y tus abuelos llegaron después.

5. No, espere.

6. No, tenga clemencia.

7. Vamos a perder poco, se resolvió.

Actividad 4: Encontrando errores de comunicación

1. Línea de cremas, de uso diario, para piernas.
2. Prohibido fumar. Gas inflamable.

Actividad 5: ¿De cuántas maneras diferentes se puede interpretar lo mismo?

Cada uno de nosotros percibe o interpreta de una manera distinta, ya que en las acciones de percibir e interpretar lo percibido entran en juego nuestros prejuicios, escalas de valores, experiencias previas, formación, etc. De esta situación se desprende que definir un problema no es sencillo y que, como vendedores, debemos ser muy cuidadosos al interactuar con los clientes, sacar conclusiones o efectuar diagnósticos apresurados del proceso de venta.

"Comparado con otros en el mercado, este coche es muy veloz."

Cliente 1: Eso es muy bueno, porque amo la velocidad.

Cliente 2: Es una pena porque no deseo que mi hijo tenga un accidente.

"Esta computadora es muy barata actualmente."

Cliente 1: Me alegro porque solo la necesito para navegar por internet.

Cliente 2: En ese caso, prefiero seguir viendo porque la necesito para trabajar.

"Le recomiendo adquirir este sistema de audio, puede alcanzar un volumen sorprendemente alto."

Cliente 1: Es una buena noticia para mis amigos porque soy quien organiza todas las fiestas.

Cliente 2: Entonces no es lo mejor para regalarle a mi hija porque vivimos en un departamento muy pequeño.

Actividad 6: Un correo electrónico. Similitudes y diferencias

Seguramente, usted habrá concluido que entre las respuestas del vendedor existen más diferencias que similitudes. Veámoslas...

Respuesta del vendedor de la Inmobiliaria "A"

Re: Consulta		

Julio Gomenz	29/04/17
para mí	

Hola Mariana!
Buen día. Sí, cómo no recordar su consulta...
Recuerdo que le mencioné los seis departamentos que estaban en alquiler. En este momento, puedo mostrarle dos, porque los otros ya están ocupados. Si me facilita su número de celular, la contacto así combinamos las visitas.
Saludos, Julio

> *En este caso, observamos falta de cuidado en la ortografía (hay errores de tipeo, de acentuación...), un tono inicial poco adecuado (porque reflejaría el malestar del vendedor el día en que atendió a Mariana Giménez) así como otras cuestiones específicas de la gestión del proceso de venta. Podemos inferir que la respuesta tardía a la consulta del prospecto, por ejemplo, resulta perjudicial no solo para Mariana G., sino también para el propio vendedor porque lo aleja de la posibilidad de concretar la venta y un vínculo duradero con la potencial cliente.*

Respuesta del vendedor de la Inmobiliaria "B"

Re: Consulta		

Luis Canale	23/04/17
para mí	

Hola Mariana:
Buen día. Muchas gracias por su comunicación. Sí, claro, tengo presente su consulta. Recuerdo lo que conversamos sobre los departamentos disponibles en la zona del centro. Aquí le envío un link a la ficha técnica de las propiedades para que pueda ver fotos y conocer información básica de cada inmueble junto con las condiciones de locación. www.inmobiliariab.com/fichas1
Ingresando a nuestra página web puede agendar usted misma la visita al departamento que le interese.
Nos vemos, entonces, cuando lo desee.
Un saludo cordial, Luis
Luis Canale
Vendedor
Inmobiliaria "B"
luisc@ventas.com

En este caso, a diferencia del anterior, "la forma y el fondo" del mensaje son correctos. El vendedor manifiesta tener presente la consulta realizada el día anterior por Mariana Giménez. Su accionar (por ejemplo, responder a término y enviar información) refleja profesionalismo; la posibilidad de que el prospecto gestione por sí mismo fecha y hora de la/s visita/s reflejaría la forma en que la empresa facilita procesos a los clientes agilizando los tiempos y esto, sin duda, impacta favorablemente en la tarea del vendedor.

Actividad 7: ¡Atención a los códigos en la comunicación!

Evidentemente, hubo una comunicación y hasta la podemos calificar positivamente. Esto fue posible por varios motivos: la velocidad de respuesta del Coordinador y la claridad y empatía en sus palabras. El posterior intercambio de mails es señal de que se ha producido la comunicación, así como el agradecimiento por parte de quien emitía el reclamo: Susana. Es ella quien utiliza una variedad de íconos gráficos (emoticones) y convenciones gramaticales (las palabras en mayúscula equivalen a gritos) para transmitir su estado de ánimo: enojo e ira. El licenciado Juárez, por su parte, contesta inmediatamente sin involucrarse con ese enojo. Responde de manera formal pero cálida a su vez. Y él no utiliza ningún emoticón, quizá por considerar que constituyen una manera informal de comunicar.

Actividad 8: Efectividad comunicacional

Situación A
Al observar esta imagen podemos inferir que el vendedor está centrado en su mensaje. Por otra parte, su postura refleja seguridad y profesionalismo. El cliente, a través de su lenguaje corporal y de sus gestos, expresa asombro frente a lo que le dice el vendedor; seguramente sus palabras lo abruman y no logra comprenderlas.

Esta situación es un claro ejemplo de un vendedor que está muy atento al contenido a transmitir, pero demuestra no considerar al cliente, por lo menos en esta imagen. Por todo ello, el nivel de efectividad comunicacional, en este caso, no es óptimo.

Situación B
En esta imagen, al igual que en la anterior, la postura corporal de la vendedora refleja seguridad y profesionalismo. La clienta manifiesta su conformidad con la atención recibida y lo hace en un buen tono. Ambas personas mantienen un contacto visual directo, y esto da cuenta de una situación comunicacional armónica.

En este caso, entonces, el nivel de efectividad comunicacional es óptimo.

> Recuerde que para que la comunicación entre vendedor y cliente sea efectiva es fundamental considerar todos los aspectos involucrados (contenido, tono, lenguaje corporal).

Actividad 9: Lo hizo, lo dijo y lo pensó

Se trata de una conversación compleja ya que Myriam no puede expresar verbalmente lo que está pensando. Sin embargo, su cuerpo sí dice mucho, y si Rafael tuviera interés genuino en la conversación o entrenamiento para escuchar, siguiendo las pautas de la neuroventa, podría "tomar nota" de esos gestos y actitudes.

Myriam comienza la reunión con entusiasmo, lo expresa en palabras y con su amplia sonrisa. Sin embargo, esto cambia inmediatamente al comprobar que no dispondrá del tiempo necesario para presentar el problema que desea tratar. El hecho de sentarse sobre el borde de la silla estaría indicando su incomodidad, la cual intenta disimular mirando por la ventana. Incluso aquí podría pensarse que ya no tiene interés en la reunión. Como su jefe le habla con aparente interés sobre el avance del proyecto, Myriam retoma su sonrisa y toma nota en su cuaderno de algunos conceptos que aparecen en los *slides*.

En cuanto a Rafael, es claro que no tiene tiempo disponible para atender a Myriam, y explicita esta situación. Además, desde un inicio, si bien es cálido al recibirla (se evidencia con el apretón de manos y la invitación a sentarse), esta distraído mirando su PC y el reloj.

La situación es breve como para detectar los sistemas de percepción predominantes, aunque puede indicarse que el visual ocupa un lugar relevante, ya que se acude a una apoyatura visual (*slides*) y al registro de notas en un cuaderno.

Actividad 10: Percepción metaconsciente

Para poder evaluarse usted mismo, compare sus respuestas con las que sugerimos a continuación.

1. **¿Qué habrá percibido Mario en forma consciente durante la entrevista?**
   a. Observó las instalaciones y la vestimenta del vendedor.
   b. Escuchó los argumentos del vendedor.
   c. Las dos anteriores.

2. **¿Qué percibió en forma metaconsciente?**
   a. La buena imagen del vendedor y de la empresa.
   b. El color de la vestimenta del vendedor.
   c. Las dos anteriores.

3. **Antonio, el vendedor, ¿manifestó tener cualidades comunicacionales?**
   a. Sí, porque pudo comunicarse con el cliente potencial respondiendo a sus requerimientos.
   b. Sí, porque sabe que la imagen personal también comunica.
   c. Las dos anteriores.

En resumen, el mensaje que recibió en forma metaconsciente el cliente potencial durante la entrevista que mantuvo con el vendedor se vincula con la buena imagen (prolijidad) del representante comercial y, también, de la empresa. Esto le dio confianza y lo estimuló a querer "probar" la consulta médica sin cargo; y, seguramente, si queda satisfecho decidirá adquirir el servicio.

Actividad 11: Sistemas de percepción

El segundo vendedor es el más acertado. No solo escucha con atención al cliente y contesta; además busca establecer un diálogo que involucre la modalidad y detalles de la comunicación del cliente. Si este habla de atributos visuales, es importante llevarlo a ese plano, destacando colores, formas o situaciones acordes. Mientras que, si nos lleva al plano táctil, es también fundamental trabajar allí con texturas o temperaturas, por ejemplo. Esto es un primer paso para luego pasar a trabajar en los otros sentidos.

Los otros vendedores, especialmente el tercero, no escuchan realmente y contestan desde un discurso ya programado, algo que tampoco le resulta de ayuda para hacer su tarea más agradable, original y productiva. Además, lo más importante es que no intentan aprovechar los sistemas de representación del cliente, su modalidad y forma de comunicación.

Actividad 12: Entre gestos y conversaciones

ILUSTRACIÓN 1

- **Vendedor**. No se siente afectado por la actitud del cliente 1, que aparenta estar muy seguro de lo que expresa y necesita. Ha cruzado las piernas (señal de defensa), tiene la mano en el bolsillo (falta de deseos de participar), y mira el suelo mientras hace un gesto de molestia en la nuca.
- **Cliente 1**. La actitud de este hombre denota superioridad y sarcasmo: se toma la solapa con el pulgar hacia arriba (signo de superioridad) y señala al otro con el pulgar (signo de menosprecio).
- **Cliente 2**. Este hombre se ha puesto a la defensiva cruzando las piernas, al ser señalado por su compañero. Se toma un brazo con el otro (autocontrol) y mira de reojo.
- **Impresión de la conversación**. En el proceso de venta se establece un clima tenso entre los clientes 1 y 2. El vendedor debe tener la habilidad necesaria para manejar esta situación.

ILUSTRACIÓN 2

- **Vendedor**. Le gustaría decir algo, pero se guarda su opinión, lo que se infiere por el gesto de coger con fuerza los brazos del sillón y cruzar los tobillos. El cuerpo dirigido hacia el cliente 2 representa un desafío no verbal.
- **Cliente 1**. No aprueba lo que dice el cliente 1 y lo indica mediante el gesto de recoger pelusilla imaginaria (en señal de desaprobación). Tiene las piernas cruzadas (defensa) y señala con ellas hacia afuera (desinterés).
- **Cliente 2**. Es el que causa algún tipo de inconveniente en la conversación porque muestra un grupo de gestos negativos. Mientras habla, se toca la nariz (señal de engaño) y el brazo derecho está cruzado sobre el cuerpo a modo de barrera parcial (señal de defensa). El gesto de la pierna sobre el brazo del sillón muestra que no le importan las opiniones de los otros dos.
- **Impresión de la conversación**. Hay una atmósfera de tensión. Los tres hombres están echados hacia atrás para mantener la distancia máxima entre ellos. Están intentado llegar a un acuerdo.

ILUSTRACIÓN 3

- **Vendedor**. Da la mano en señal de cierre de venta. Podría transmitir confianza y respeto.
- **Cliente**. Es el que más expone gratitud y alegría por la compra realizada.
- **Impresión de la conversación**. Se ha cerrado una transacción que se sella, entre otras cuestiones administrativas y económicas, con un apretón de manos.

ILUSTRACIÓN 4

- **Vendedor**. El cuerpo hacia adelante indica interés en la conversación. Está utilizando un buen número de gestos para dar la impresión de franqueza y honestidad: palmas a la vista, pie adelantado, cabeza en alto, chaqueta desabrochada, brazos y piernas separadas, inclinación hacia el interlocutor y sonrisa.
- **Cliente 1**. Hace la ojiva hacia arriba, lo que indica que se siente confiado y superior, y cruza las piernas tomando la forma de 4, lo que supone que su actitud es de competencia o de discusión. Pensamos que la actitud general es negativa porque está sentado hacia atrás y con la cabeza baja.
- **Clienta 2**. Está echada hacia atrás en la silla, con las piernas cruzadas (defensa); ha hecho una barrera parcial con los brazos (defensa), muestra su puño cerrado (hostilidad), tiene la cabeza hacia abajo, y hace el clásico gesto de evaluación (la mano en la cara).
- **Impresión de la conversación**. Hay concentración por parte de los tres. Las explicaciones que da el vendedor son escuchadas con mucha atención.

ILUSTRACIÓN 5

- **Vendedor**. No aparece en la ilustración, pero, por las posturas y gestos del cliente, podemos deducir que aquel le está hablando y llevando a cabo alguna explicación.
- **Cliente**. Escucha con atención.
- **Impresión de la conversación**. Habría un monólogo por parte del vendedor. El cliente escucha con interés.

ILUSTRACIÓN 6

- **Vendedora**. Las manos en el cinturón (al igual que en las caderas) constituyen una postura de atención y estudio del interlocutor, que se expresa de manera inconsciente. Su expresión facial es congruente con los gestos corporales.
- **Cliente**. Las manos en las caderas y los brazos hacia atrás indican que está evaluando a la vendedora de manera inconsciente. Está a la expectativa del desarrollo de la conversación. Puede inferirse que la conversación tiene algo de tensión, aunque es cordial.
- **Impresión de la conversación**. Posiblemente el cliente recién ingresa al comercio y se pone en contacto con la vendedora. Ambos están atentos, de manera inconsciente, al desarrollo del proceso de compraventa. Los dos están en estado de alerta.

ILUSTRACIÓN 7

- **Vendedor**. Está sentado en la silla de manera aparentemente relajada, intentando controlar la situación o dominar a sus interlocutores. Los dedos enlazados y los pies juntos debajo de la silla indicarían una actitud de frustración; tal vez tiene dificultades para hacerse entender.
- **Cliente 1**. Se siente superior a su compañero y al propio vendedor, por eso ha adoptado la posición de ubicar las manos detrás de la cabeza. Tiene un sillón giratorio y reclinable que le otorga mayor movilidad y control, y estatus.
- **Cliente 2**. Este cliente está sentado en una silla representativa de bajo estatus (fija y sin accesorios). Tiene cruzados los brazos y las piernas (a la defensiva), y la cabeza baja (hostilidad); ello indica que no está de acuerdo con lo que oye.
- **Impresión de la conversación**. El hombre de la izquierda está montado en la silla para tratar de controlar la conversación. El hombre del centro se siente superior a los otros dos y por eso ha ubicado sus manos detrás de la cabeza. Tiene las piernas cruzadas en 4, lo que significa que va a entrar en competencia.

ILUSTRACIÓN 8

- **Vendedora.** Está muy interesada en la conversación y en lo que dicen los clientes. La mano en el mentón y la mirada directa al cliente 1 denota ese interés.
- **Cliente 1.** Manifiesta estar muy involucrado en la conversación y en lo que dice su compañero y la vendedora. De hecho, él y la vendedora asumen la misma postura, señal de aprobación mutua.
- **Cliente 2.** Exhibe una sonrisa, con la boca cerrada, y parece estar interesado en lo que el otro dice, pero eso no es congruente con los demás gestos faciales y corporales. Tiene la cabeza hacia abajo (desaprobación), sus cejas están también hacia abajo (enojo) y mira al otro de reojo. Además, tiene los brazos y las piernas cruzados con fuerza (defensa). Todo indica que su actitud es muy negativa.
- **Impresión de la conversación.** El diálogo es fluido y parecería que la situación de venta es propicia. Están muy interesados el uno en el otro. Pero las señales del cliente 2 indican que la vendedora deberá contactar mejor con él.

Actividad 13: El cuerpo habla...

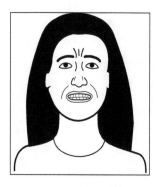

- Este rostro expresa enojo, debido al ceño fruncido, la dureza de la mirada, la tensión en los labios.
- Este rostro refleja temor, ya que la boca está abierta y el párpado superior está levantado.
- Ninguna de las anteriores.

- Esta persona manifiesta aburrimiento, tal como lo reflejan sus ojos cerrados.
- Esta persona transmite su malestar y/o preocupación, ya que se toca el rostro y mantiene sus ojos cerrados.
- Esta persona expresa su intención de adaptarse a una situación con la que no está de acuerdo.

- Estas manos transmiten la idea de reforzar el menseaje verbal.
- Estas manos expresan noción sobre el tamaño de algún objeto.
- Ninguna de las anteriores.

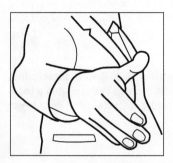

- La palma de esta mano comunica honestidad, porque está abierta hacia arriba.
- Esta persona extiende la palma de la mano hacia arriba, lo que indica respeto hacia su interlocutor.
- Ninguna de las anteriores.

En estas imágenes, entonces, podemos observar que los gestos son indicadores de estados internos, fisiológicos y emocionales de las personas.

Actividad 14: Espacios y posturas, ¡hablan por sí solos!

ILUSTRACIÓN 1.

Una oficina con distintos mobiliarios que permiten llevar a cabo diversas tareas. Hay un sector de espera, con sillones cómodos y folletería, todo lo cual invita a sentarse y leer. Un empleado, joven y relajado, trabaja con la PC. A la mujer el ambiente le resulta agradable y la entusiasma con relación a la decisión de retomar los estudios universitarios.

ILUSTRACIÓN 2.

Francisco ingresa a una oficina amplia, ordenada, con escritorios individuales que permiten la atención personalizada de cada cliente. La ubicación enfrentada permite un buen contacto visual entre el vendedor y el potencial comprador del servicio.

ILUSTRACIÓN 3.

La posición lado a lado indica una modalidad de trabajo individual, donde no se comparten miradas, gestos. La ventaja es que la cercanía permite la consulta, el diálogo, aunque sea breve.

ILUSTRACIÓN 4.

Trabajo independiente, sin vinculación de los individuos entre sí. Seguramente el ambiente es ruidoso, lo que genera estrés.

ILUSTRACIÓN 5.

Mesa cuadrada, amplia. Situación más bien formal. Predisposición al trabajo colaborativo, confrontación de ideas. Quienes se reúnen tienen estatus similar. Comodidad para trabajar con aparatos tecnológicos, papeles, carpetas, etc.

ILUSTRACIÓN 6.

Posición de colaboración. Es una de las posiciones más estratégicas en los vínculos vendedor-comprador. Hay que tener cuidado en no invadir el espacio del cliente ya que, efectivamente, se trata de una posición que conlleva cercanía, pero también facilita el no respetar el espacio personal. Además, puede visualizarse un lugar limpio, ordenado, con un vendedor prolijo, todas cuestiones que podrían generar satisfacción en el comprador.

ILUSTRACIÓN 7.

Las mesas redondas pueden transmitir, si se quiere, mayor informalidad. Pero el aspecto más destacado de este tipo de ambientes para interactuar con clientes o colegas es que sitúa a todos en un mismo nivel jerárquico, evitando divisiones o rangos sin perder la "protección" de la mesa.

Actividad 15: ¿Verdadero o falso?

Ventajas de las técnicas de autorregulación emocional	V	F
1. Mejoran las capacidades de atención, aprendizaje, planificación y toma de decisiones.	X	
2. Enriquecen las relaciones dentro y fuera del ámbito laboral.	X	
3. Mejoran en forma significativa el bienestar económico del vendedor.		X
4. Disminuyen la ansiedad y, también, el cansancio del vendedor.	X	
5. Aumentan los niveles de tolerancia frente a situaciones difíciles y ante clientes complicados.	X	
6. Enriquecen las relaciones tanto con pares como con superiores.	X	

Cuarta Parte

CASOS
DE INTEGRACIÓN

A continuación le presentamos 5 (cinco) casos con la finalidad de que pueda integrar y aplicar lo leído en esta obra. Al finalizar el último caso encontrará las claves de corrección que le permitirán comparar lo respondido por usted con los conceptos que no deberían faltar en su análisis.

Actividades

> ### Caso Nº 1
> ### Como te ven, te tratan...
>
> Análisis de un caso: los vendedores

Alejandro tiene 42 años. Está casado y tiene dos hijos. Se casó siendo muy joven, así que se dedicó a trabajar y atender a su familia.

Sofía, su mujer, trabaja de lunes a viernes de 9 a 19 y los sábados de 10 a 13. Se desempeña como cosmetóloga en una empresa dedicada a la estética femenina.

Sebastián, el hijo mayor de la pareja, está en tercer grado y va a una escuela privada. Cintia, la hija menor, tiene 4 años y este año comenzará a ir al colegio. Isabel, la madre de Sofía, vive con ellos y cuida a los nenes mientras los padres están en el trabajo.

Alejandro trabaja en la misma empresa desde hace casi quince años. Comenzó como cadete y de a poco fue resaltando en aptitudes y capacidades. Su jornada laboral es de lunes a viernes de 9 a 18, y un sábado al mes trabaja de 9 a 13. Y si bien lamenta no haber podido capacitarse a nivel profesional por no tener tiempo personal, adora su trabajo y se siente muy a gusto con lo que hace.

Actualmente se encuentra en una situación emocional compleja: se está enfrentando a la posibilidad de un divorcio. Anoche Sofía le ha pedido encarar una terapia de pareja, pero él se niega; no cree en esas cosas. Por el contrario, para Alejandro la solución es muy fácil: desea que Isabel no viva más con ellos. Pero... ¿cómo decirle a Sofía una cosa así?

Florencia tiene 30 años. Es Técnica en Administración y actualmente está haciendo un curso de actualización profesional en ventas. Anteriormente hizo un curso de venta telefónica.

Alquila un departamento-estudio en la localidad vecina a su trabajo, en el centro de la ciudad. Vive sola. No tiene muchos gastos, así que posee un dinero disponible que le permite encarar capacitaciones profesionales constantes.

Está de novia hace tres años, con un profesor de educación física que conoció por internet. Él es quien la impulsa a capacitarse y originalmente la ayudó en su búsqueda laboral.

Ella trabaja desde hace dos años en la empresa. Entró por recomendación. En ese entonces se dijo que sería un trabajo temporal, pero luego descubrió que era muy buena atendiendo al público y sus jefes enseguida la motivaron con comisiones y compensaciones. Se siente cómoda en el puesto que ocupa y por la cercanía entre su hogar y la oficina. Sin embargo, desde hace un tiempo está reflexionando sobre su situación personal actual: ¿cuáles son sus objetivos profesionales? ¿Cómo se ve de aquí a dos años? No lo sabe. ¿Qué quiere de su vida personal? Aún no lo pensó.

Además de trabajar en la misma empresa, lo único que Alejandro y Florencia poseen en común es que hoy tienen una entrevista de venta con un cliente potencial.

Preguntas

    a. ¿Cómo imagina que se preparó cada uno para la entrevista?

    b. ¿Qué tipo de empatía podrá establecer cada uno con su cliente?

    c. ¿Qué nivel de atención y escucha cree que podrán mantener?

    d. ¿Considera que establecerán una relación posterior con el cliente? ¿Por qué?

```
Caso Nº 2
¡Me quiero ir!

Análisis de un caso: estrategias de venta
```

Edwin desea adquirir un paquete turístico para el período vacacional diciembre-enero. Específicamente, desea contratar un crucero de 10 noches por las costas de América del Sur. Le han recomendado diferentes agencias de viaje. Luego de una preselección, comienza a mirar detalles en las páginas de internet de las tres empresas que ha elegido (por ser conocidas en el ambiente).Su primer contacto, por mail, en todos los casos, es el siguiente:

> *"Deseo adquirir el paquete turístico para el crucero. Estuve mirando en su página de internet, pero quería conocer detalles que no allí no figuran. En realidad, lo que necesito es poder hacer un viaje tranquilo y relajante con mi mujer. Necesitamos un 'corte'. Sinceramente, un cambio de aire. Ha sido un año muy duro y necesitamos un descanso.*
> *Tenemos amigos que nos han recomendado este tipo de viaje. Creo que el aire de mar es, precisamente, el cambio que necesitamos. Algo romántico, que nos recuerde nuestra época de noviazgo. Hemos estado ahorrando durante todo el año, pero sería importante poder obtener una financiación, para no agotar todos nuestros ahorros de un momento al otro."*

Estas fueron las tres respuestas que recibió:

En la **empresa A**, el **vendedor 1** le responde con un mail "auto-responder" para el caso, que detalla todo lo que el potencial viajero desea saber acerca de las opciones de cruceros con las que cuenta, precios, formas de pago, y dos archivos adjuntos: uno con la misma información (a modo de resumen) y otro con los detalles de los cruceros disponibles (fotos de las habitaciones, servicios incluidos, etc.).

En la **empresa B**, el **vendedor 2** le responde agradeciéndole la elección y confianza en la empresa y le pide un número de teléfono personal, para poder contactarlo y brindarle mayor información porque, dice, *cada caso es diferente y, como empresa, nos ajustamos a sus necesidades.*

En la **empresa C**, el **vendedor 3** le responde con un mail que detalla todo lo que el potencial cliente desea saber acerca de las opciones de cruceros con las que cuenta la empresa, precios, formas de pago, etc. El mail es personalizado y termina con una invitación a que Edwin se acerque a las oficinas a conversar.

Preguntas

a. Teniendo en cuenta la preparación de un vendedor, ¿qué empresa cree que obró mejor frente a Edwin y por qué?

b. A partir de la secuencia de compra presentada y poniéndose en el lugar del vendedor de una de estas empresas de cruceros, defina cuatro tipos de preguntas que puedan iniciar su discurso de venta y que hagan que el cliente "le cuente más".

c. A partir del caso presentado, retome las estrategias para detectar las palabras clave. Identifique los términos calificadores y los negativos. Regístrelos.

d. Cierre el caso con una estrategia de venta basada en sus registros.

Caso N° 3
El momento soñado

Análisis de un caso: ¿esto es adecuado?

El salón de fiestas "Ser por Siempre" presenta el siguiente esquema de negocio para comunicarse con los interesados:

- Una página web que no siempre está actualizada.
- Una página en Facebook.
- Un vínculo (link) en la guía digital de productos y servicios de la zona en que se asienta.

El primer contacto debe realizarlo el interesado. Puede hacerlo personalmente, por teléfono, o bien contactándose a través de medios digitales (mensajes en Facebook o formulario de contacto en la página web).

El salón cuenta con cuatro empleados administrativos para atención al cliente, quienes reciben todas las consultas. (El organigrama es más grande, pero aquí nos ocuparemos solo del sector de administración y atención al cliente).

El requisito que todos los empleados deben cumplir de manera excluyente para trabajar en el salón es no vivir a más de 3 kilómetros. De esta manera, todos pueden cumplir su jornada laboral aun frente a imprevistos diarios (sobre todo de tránsito).

Una vez establecido el primer contacto e independientemente del medio de comunicación, los empleados deben lograr concretar no una, sino dos entrevistas. La segunda es muy importante sobre todo en aquellas relaciones que hayan comenzado con una consulta personal. De esta manera, el interés que se puede vislumbrar puede ser mayor.

En la primera entrevista, los empleados deben mostrar las instalaciones del salón, los servicios incluidos, los adicionales y pasar un presupuesto escrito. El interesado debe irse con toda la información y sin nada pendiente.

En el plazo de una semana, los empleados del salón retoman el contacto con todos aquellos interesados que no se hayan vuelto a comunicar. El contacto lo realizan por teléfono, para lograr un vínculo más explícito y menos esquivo.

Si la segunda entrevista se concreta, comienza la relación directa y el interesado se transforma en un cliente. Se le brindan las opciones de pago, las facilidades que puede obtener, etc.

Preguntas

a. Según lo desarrollado en la segunda parte del libro *Neuroventas*, ¿qué etapas detecta y cuáles faltan, según su criterio?

b. ¿Qué preparación deben hacer los empleados en cada una de las tres fases: Contacto inicial – Primera entrevista – Segunda entrevista (reserva del salón)?

c. ¿Qué tipo de perfil cree que se adecua al negocio: formal o informal? ¿Por qué?

Caso Nº 4
Mi primera experiencia

Análisis de un caso: relación vendedor-comprador

Primera parte: la relación vendedor-comprador, en una entrevista para la adquisición de un plan médico

María Gabriela es empleada administrativa, con un cargo importante en una empresa nacional. Tiene 30 años. Está en pareja desde hace tres años con un ingeniero en sistemas. Ambos son de clase media y están bien posicionados en sus respectivos lugares de trabajo.

Durante muchos años ella tuvo una cobertura médica regular y siempre sintió que le faltaba "algo". Que esa cobertura no era suficiente.

Alentada por un ascenso laboral reciente, decide que es el momento de buscar otra alternativa: una cobertura mejor que la que posee hasta el momento.

Buscando por internet, a partir de la experiencia personal de su pareja, decide contratar a una obra social de las consideradas "mejores" (más específicamente, la segunda mejor, porque la primera es realmente cara, según sus observaciones).

Luego de dos días de indagaciones a través de la página de esta empresa, toma contacto con una vendedora del *call center* de contrataciones, llamada Silvina, quien le cuenta muy brevemente y a grandes rasgos las características de los planes que cree que le pueden resultar útiles a María Gabriela y, para cerrar la contratación, coordinan un encuentro.

La cita se concreta en la esquina del trabajo de María Gabriela, en el café Fulano, a media mañana. María Gabriela llega 10 minutos antes de la hora acordada. Silvina llega puntual. Los primeros minutos del encuentro transcurren sin mayor interés.

Piden un café y se ponen a conversar del día primaveral que están viviendo, a pesar de que es pleno diciembre. Silvina le cuenta que trabaja "en la calle", moviéndose de localidades según los clientes lo requieran; y que pasa poco tiempo en la oficina. Que, de hecho, María Gabriela "tuvo mucha suerte en encontrarla aquel día en el *call center*".

Una vez acomodadas y disfrutando el café, Silvina comienza a sacar el material de trabajo para empezar a explicarle a María Gabriela los detalles de cobertura de su empresa.

María Gabriela, muy concentrada y con la idea de "ir al grano" (porque se encuentra en horario de oficina y su jefe le permitió ausentarse durante una hora), le cuenta lo siguiente: su estabilidad económica y personal (de pareja) le permitieron estar donde se encuentra hoy día, pensando en crecer dentro de las posibilidades que tiene. Le comenta que tiene proyectos de casarse en un futuro pero que aún no quiere tener hijos.

Además, le cuenta que ha tenido malas experiencias con su cobertura médica anterior. Que hasta ahora no había encontrado una opción que la hiciera sentirse cómoda; que los médicos de la cartilla anterior, por una cosa u otra, dejaban mucho que desear. Que, de alguna manera, por lo vivido hasta ahora, no se había ocupado de sus chequeos de salud rutinarios de la forma en que le hubiera gustado. Muchas veces, incluso, los dejaba por la mitad.

Tiene pendiente su chequeo odontológico y oftalmológico (incluso querría cambiar sus anteojos, que ya se están poniendo viejos por utilizarlos diariamente desde hace más de dos años). Además, lo que le importa a María Gabriela es la posibilidad de atenderse en centros de su zona de residencia (Sur), porque los que posee su obra social actual son muy limitados allí.

María Gabriela le dice a Silvina que quiere que esa situación de inseguridad e incertidumbre termine y que su pareja, que actualmente tiene cobertura con esta empresa de medicina (a través de un plan empresarial), le habló muy bien de los servicios que ofrecían.

De alguna manera, podríamos decir que María Gabriela ya tiene la decisión de contratar los servicios de la empresa de Silvina. Ella solo debe ofrecerle alternativas.

De la cartilla de opciones, Silvina le ofrece tres planes diferentes que piensa que pueden estar a su alcance. Los aranceles de cobertura rondan más o menos en el mismo importe, con variaciones no muy significativas.

Las características que Silvina le menciona a María Gabriela, sobre el segundo plan más caro, son las siguientes, en este orden:

1. Cobertura total de consultas médicas, por cartilla y/o por reintegro.
2. Pastillas anticonceptivas gratuitas, sin tope y sin límite.
3. Todos los medicamentos al 40%.
4. Cobertura total en tratamientos odontológicos, a través del sistema de reintegro.

5. Un par de anteojos gratis al año.
6. Varios centros en la zona Sur.
7. Otros.

María Gabriela se toma unos minutos para evaluar las opciones presentadas en los tres folletos.

Mientras está leyendo, a Silvina le suena el celular. María Gabriela se da cuenta de que se trata de una llamada personal, porque Silvina comienza a hablar más bajo y con un tono frío. Según entiende María Gabriela, Silvina está discutiendo con alguien al teléfono.

Su conversación dura no más de 20 segundos y luego Silvina corta. María Gabriela se da cuenta de que no puede terminar de decidirse entre planes y que, encima, ha desperdiciado preciados segundos al ponerse a escuchar la conversación telefónica de Silvina.

Si bien tiene inclinación por el segundo plan más caro, María Gabriela decide tomar una medida: llamar por teléfono a su pareja, para que la ayude a decidir en el momento.

Le pide disculpas a Silvina por tener que utilizar el teléfono y llama a su pareja, Juan. En ningún momento de la conversación telefónica María Gabriela corta el contacto visual con Silvina. Su intención es que Silvina esté al tanto de lo que conversa con Juan.

Finalmente Juan la ayuda a decidirse por el segundo plan más caro; aquel que contenía todos los beneficios que Silvina resaltó.

El precio no es exorbitante. María Gabriela tiene la seguridad de que podrá afrontar el gasto. No obstante, la tranquilidad que le transmitió Juan por teléfono, asegurándole que colaboraría con ella si hiciera falta, termina de relajarla. Por supuesto, Silvana no conoce este dato.

Ahora sí, es el momento de cerrar el encuentro. Silvina le explica cuáles son los pasos a seguir de ahora en más: María Gabriela no debe molestarse por nada. Silvina se encargará de todo: de darle el alta como nueva clienta, de solicitar la baja en su antigua cobertura médica y de tramitar la desregulación de aportes que la empresa de María Gabriela debería presentar ante su empleador. En cuanto Silvina haya hecho el trámite de desregulación, le enviará el comprobante correspondiente a María Gabriela, en formato digital, por mail, para que ella pueda entregarlo más rápido.

Excepto ese mínimo detalle de movimiento, María Gabriela no debe hacer más que aguardar tres meses desde el día actual; tiempo que demora este trámite por normativa legal. A partir de septiembre, tendrá su tan esperada cobertura. Silvina le entrega su tarjeta personal, pagan la cuenta (cada una lo que consumió) y se despiden cordialmente, con la promesa de continuar el contacto.

Preguntas

a. ¿Qué preparación cree que llevó a cabo Silvina antes de entrevistarse con Gabriela?
b. ¿Qué estrategia de venta detecta en Silvina? ¿Es la misma que hubiera utilizado usted? ¿Por qué?
c. Teniendo en cuenta lo descripto por María Gabriela, ¿cuál es el requerimiento, de qué tipo, y cuál es la necesidad concreta que expresa?
d. ¿Cuáles son las palabras "bisagra" que se pueden desprender del relato de María Gabriela?

Segunda parte: La relación vendedor-comprador, en etapas posteriores

Pasaron 20 días desde que María Gabriela y Silvina se encontraron en el café Fulano. María Gabriela no tuvo más contacto con la vendedora. Tal como le había adelantado Silvina, debía esperar que se cumplieran los tres meses del trámite.

Sin embargo, lo que alertó a María Gabriela era que Silvina debería haberle enviado el comprobante de la desregulación, para entregar en su empresa de trabajo.

Al no tener información sobre el tema, María Gabriela le escribió un correo electrónico, consultándole sobre el estado del trámite y qué debía hacer ella mientras tanto (si es que debía hacer algo).

Pasaron tres días, y la respuesta no llegó. María Gabriela empezó a impacientarse, aunque decidió esperar una semana más, para darle tiempo a que llegara la respuesta de Silvina.

A la semana, y sin respuesta alguna, decidió llamar al teléfono que figuraba en la tarjeta personal de Silvina. Marcó el interno indicado y nadie respondió. A las dos horas, repitió el procedimiento, esta vez con éxito, aunque no era Silvina quien le hablaba, sino una colega, Marcela. Le informó que Silvina no iría a la oficina por dos días, porque se iba a dedicar a cerrar contrataciones "en la calle".

Inquieta por no poder tener información más precisa acerca de su regreso, María Gabriela le contó a Marcela el motivo de su llamado: conocer acerca de las condiciones del trámite que Silvina le planteó y la documentación que le debía. La respuesta de Marcela fue muy vaga y poco clara. Lo único que María Gabriela comprendió es que debía lograr contactarse con Silvina.

María Gabriela dejó pasar una semana más (fin de semana de por medio) y volvió a llamar al teléfono de la empresa, que figuraba en la tarjeta que Silvina le había entregado. En esta oportunidad, la operadora del conmutador del teléfono fue quien atendió la llamada. María Gabriela pidió por Silvina y del otro lado le respondieron que Silvina estaba con licencia médica.

Ahora sí, el temor de María Gabriela estaba tomando forma: le preguntó a la operadora cuándo suponía que Silvina se reincorporaría. La operadora le dijo que intentara llamar nuevamente en 48 horas.

María Gabriela esperó esas 48 horas. No obstante, su temor se iba transformando en enojo, ante la falta de claridad de la situación. Por su mente pasaron un sinfín de alternativas: apersonarse en la sede de la empresa y exigir una respuesta, hablar con un supervisor… Hasta consideró la posibilidad de haber sido estafada y que esa persona que decía llamarse Silvina no fuera parte de la empresa.

La neurosis comenzó a apoderarse de María Gabriela. Hasta que decidió apoyarse en Juan, quien le decía que esperara a que pasaran los tres meses y que no se preocupara.

María Gabriela, antes de volver a llamar a las 48 horas, decidió que no se quedaría de brazos cruzados y llamó por teléfono a la sede central, ubicada en la capital de la ciudad. Ella quería dejar asentada su queja. Esta ausencia de la vendedora no le parecía correcta.

Entró a la página web de la empresa y encontró un chat online de atención a clientes. Se conectó con un operador que dijo llamarse Ignacio y le comentó su situación: que si bien todavía no era cliente, estaba en el período de espera de los tres meses requeridos legalmente y que, ante la situación que estaba viviendo, no sabía a quién recurrir. Acto seguido, le contó a Ignacio la situación vivida con Silvina.

La sorpresa que se llevó fue mayúscula. Luego de escuchar el relato de María Gabriela, Ignacio le dijo que no podía ayudarla, porque ese chat era solo para clientes. María Gabriela todavía no era considerada cliente. María Gabriela no podía hacer nada más. Debía esperar.

Pasó otra semana hasta que María Gabriela se recuperó del "rechazo" que había sentido al chatear con Ignacio. Volvió a llamar al teléfono de la tarjeta de Silvina. Atendió nuevamente Marcela, diciéndole que el hijo de Silvina estaba internado y que Silvina no iría a trabajar por otros quince días.

En ese momento, María Gabriela decidió no esperar más. Le preguntó a Marcela quién era ella; si era la supervisora de Silvina. Ella le dijo que no, que solo era una colega. María Gabriela le exigió hablar con el supervisor de Silvina. Marcela, muy atentamente, la comunicó con él.

María Gabriela, en un principio, estuvo dominada por su enojo. Sin embargo, al finalizar su relato, fue muy clara con Felipe, el supervisor de Silvina. Le dijo lo siguiente: *Si me dicen que la documentación me la van a mandar en 30 días, yo espero esos 30 días en silencio y no molesto. Ahora, si nadie me da fechas, ni plazos; si nadie me dice nada, no sé qué tengo que hacer: esperar, reclamar, suplicar...*

Felipe escuchó íntegramente el relato de María Gabriela. Con mucha empatía le dijo que entendía la situación que había pasado y que lo lamentaba mucho, porque no era correcto ni habitual que esto pasara. Le dijo que ese mismo día contactaría a Silvina telefónicamente y le pediría que le enviara a él la documentación que le debía; que él mismo se la haría llegar a María Gabriela.

No obstante, le dijo que se quedara tranquila, que aunque esa documentación no llegara a sus manos de manera rápida, el trámite no se frenaba y que al pasar los tres meses María Gabriela tendría la cobertura deseada.

A los dos días de conversar con Felipe, María Gabriela recibió una llamada telefónica a su celular, desde un número que no conocía. Al atender, se encontró con Silvina al otro lado de la línea. María Gabriela pudo darse cuenta de que Silvina estaba en la calle; tal era el ruido de fondo.

Silvina fue muy taxativa al hablar: no entendía qué había pasado, por qué María Gabriela había insistido tanto por una documentación que no era imprescindible. Podía entregarle el documento en cualquier momento, pues era independiente de la contratación. Le dijo que había tenido muchas dificultades personales que le habían impedido ir a trabajar por unas semanas, pero que ya estaba reincorporada y poniéndose al día.

María Gabriela solo escuchó el (paradójico) enojo de Silvina y no el contenido del mensaje. No obstante, era tal el cansancio que tenía frente a esta situación, que solo respondió: *De acuerdo. ¿Entonces cuándo me lo vas a entregar?*

El documento que María Gabriela debía dar a su empleador le fue entregado una semana antes de cumplirse los tres meses de espera frente a la admisión. Silvina fue hasta el lugar de trabajo de María Gabriela y, en la recepción, sacó de su bolso una pila de documentos idénticos, apilados sin orden alguno y muchos de ellos doblados y/o arrugados. Buscó uno por uno, hasta que encontró el que contenía los datos de María Gabriela, y se lo dio. María Gabriela le agradeció la entrega y se despidió.

Al llegar el tiempo cumplido, María Gabriela fue admitida en la obra social y recibió la credencial en su domicilio sin ningún contratiempo.

María Gabriela y Silvina nunca más volvieron a hablar.

Preguntas

a. ¿Qué marcadores somáticos detecta en el caso presentado?
b. Teniendo en cuenta la posibilidad de construir una relación permanente con María Gabriela, ¿qué reflexión le merece la situación personal de Silvina? ¿Y la laboral?
c. ¿Qué sistemas de recompensa propone para enmendar la situación que vivió María Gabriela?

Caso Nº 5
El hospital de la solución

Análisis de un caso: el proceso de venta neurorrelacional

Primera parte: preparando el contacto...

El proceso de venta neurorrelacional comienza con la preparación previa del contacto con el cliente, por parte del vendedor, para que la relación perdure en el tiempo.

A continuación, dos organizaciones que iniciarán un primer contacto.

Hospital Central

El Hospital Central es una entidad de gestión privada fundada en la década de 1950 por los hermanos Bermúdez, dos médicos destacados en el país no solo por el ejercicio de la medicina, sino también por sus trabajos de investigación, difundidos a nivel mundial.

Desde sus inicios, las instalaciones, el equipamiento tecnológico y sobre todo el profesionalismo del personal garantizan un servicio de calidad para la comunidad.

Hoy, quienes llevan adelante la dirección del hospital, así como las autoridades de las distintas áreas, tienen presente que, tal como lo vislumbraron en su momento sus fundadores, la innovación es el motor de la institución, y esta es una de las características que los diferencia de otros centros de salud de la región.

En la actualidad, el hospital, a través de su área de Docencia e Investigación, se encuentra en plena creación de la primera Escuela Virtual de Enfermería del país. ¡Esta iniciativa es todo un desafío para el área! Se percibe un gran entusiasmo en las personas dedicadas a esta tarea, y también inquietud por todo lo que implica la innovación.

Luego de analizar en profundidad los pros y los contras de armar internamente el espacio virtual donde se llevarán a cabo las actividades académicas, las autoridades decidieron tercerizar los desarrollos tecnológicos necesarios para la implementación de la propuesta online. Por eso, **Mariela Vetne**, directora del área de Docencia e Investigación del hospital, ya está estableciendo contacto con diversos proveedores a fin de conocer los servicios que ofrecen y considerar si se ajustan a los requerimientos del hospital. La próxima reunión será con un representante de la empresa Soluciones Tecnológicas.

Soluciones Tecnológicas

Ezequiel Galíndez se ha incorporado hace algunos meses a la firma Soluciones Tecnológicas como representante comercial. A la empresa, como su nombre lo indica, le interesa dar respuesta a las necesidades de los clientes, manteniendo con ellos una relación que perdure en el tiempo, y por eso todos sus empleados son formados en esta línea y bajo los valores de la honestidad, el compromiso y el respeto hacia los demás.

Al ingresar a la compañía, Ezequiel participó del curso de inducción y fue capacitado para aplicar el Método de Venta Neurorrelacional.

Recientemente ha sido designado por su superior para atender los requerimientos del Hospital Central en su proyecto de educación virtual. Ezequiel tiene el desafío de atender a este prospecto demostrando que es un auténtico vendedor neurorrelacional.

En esta etapa…

¿Qué acciones concretas le recomendaría realizar al vendedor para prepararse antes de la primera entrevista con el prospecto?

Propuesta

Elija una opción de respuesta para cada ítem.

Buscar confianza en sí mismo

a. Recordando momentos exitosos y felices para generar un estado de ánimo positivo que impacte favorablemente en el vendedor y también en el cliente.

b. Visualizando situaciones reales o ficticias placenteras, porque esto ayudará al vendedor a tener optimismo, tranquilidad y seguridad al iniciar el contacto con el cliente.

c. Todas las anteriores.

Disponerse interiormente para el éxito, por ejemplo

a. Visualizando nuevamente algunas situaciones personales exitosas que dejaron una huella en la memoria.

b. Cuidando la postura corporal, ya que refleja el estado de ánimo y predispone al vendedor al éxito o al fracaso durante el proceso de venta.

c. Ninguna de las anteriores.

Prestar suma atención a su imagen personal

a. Cuidando el aseo, la prolijidad, la elegancia y el trato, ya que esto condiciona la respuesta del cliente a lo largo de la relación con el vendedor.

b. Eligiendo una vestimenta apropiada para el producto que ofrece y la empresa que representa, que le permita sentirse cómodo.

c. Todas las anteriores.

Segunda parte: iniciando la relación

Siguiendo la metodología de venta neurorrelacional, una vez que se atravesó la etapa de preparación previa de la entrevista, comienza otra en la que el vendedor empezará a colocar los cimientos sobre los que se construirá la relación con el cliente. Lo invitamos a conocer la entrevista inicial entre Mariela Vetne, directora del área de Docencia e Investigación del Hospital Central, y Ezequiel Galíndez, vendedor de Soluciones Tecnológicas.

Mariela Vetne acordó con Ezequiel Galíndez encontrarse en el bar frente al hospital, el lunes a las 9.30, para poder conversar con tranquilidad y sin interrupciones.

Llegó el lunes...

Son las 9.20. Mariela acaba de llegar al bar y Ezequiel Galíndez ya se encuentra en el lugar. (Mariela tiene una buena impresión, por la puntualidad del vendedor).

> **Prospecto:** Soy Mariela Vetne. Buen día, encantada. (Ambos se saludan amablemente, con una sonrisa).
> **Vendedor:** Igualmente. Mi nombre es Ezequiel Galíndez; integro el área comercial de Soluciones Tecnológicas. Me alegra encontrarnos para conversar sobre las necesidades del hospital en materia tecnológica.
> **Prospecto:** ¿Nos sentamos por aquí?... ¿Conocía el hospital?
> **Vendedor:** ¡Sí! Vine muchas veces con mis padres durante mi infancia, porque vivíamos por la zona. ¡Guardo tantos recuerdos...!: cuando operaron a mamá, cuando me atendía el pediatra... Con ver la fachada del edificio se nota lo cambiado que está todo. ¿Verdad?

Prospecto: Es cierto. En los últimos años las instalaciones se renovaron para incorporar consultorios externos nuevos y para ampliar la sala de terapia intensiva. Yo también conozco el hospital desde hace años. ¡Nací aquí, y nunca me hubiese imaginado que trabajaría en esta institución!

Vendedor: ¿Desea tomar un café?

Prospecto: Sí, muchas gracias.

(Ezequiel llama al mozo y le pide dos cafés).

Prospecto: En este momento, como le comentaba por teléfono, estamos trabajando intensamente para abrir la Escuela Virtual de Enfermería, y necesitamos avanzar con el soporte tecnológico.

Vendedor: Mariela, comprendo; es un proyecto muy importante no solo para el hospital, sino para todo el país. Imagino cómo va a impactar esta propuesta en tanta gente que quiere capacitarse.

Prospecto: Desde ya. Hace tiempo que recibimos consultas de personas que nos preguntan por la carrera y nos manifiestan su imposibilidad para cursarla, porque no pueden trasladarse a la ciudad, tienen problemas con los horarios, entre otras cosas. Y bueno… es momento de dar respuesta a esta demanda. ¿Qué experiencia tienen ustedes con tecnología para el área educativa y de salud? ¿Estarán en condiciones de brindar soporte para llevar adelante una propuesta académica virtual?

Vendedor: No se preocupe, porque tenemos experiencia en el desarrollo y también en la adaptación de sistemas para implementar proyectos virtuales, brindando el soporte técnico a los clientes. Hemos colaborado con laboratorios interesados en brindar capacitación a visitadores médicos de todo el país, a través de plataformas de *e-learning*. Una de las características de la tecnología es su dinamismo, por eso quienes trabajamos en esta área estamos acostumbrados al cambio constante. Es un aprendizaje permanente.

Prospecto: Entiendo. Me da tranquilidad saber que son expertos en el tema, pero quisiera ver alguna experiencia. Nosotros necesitamos un proveedor que optimice nuestra plataforma de *e-learning* y desarrolle un sistema de inscripción y otro de pagos, al menos en esta etapa inicial del proyecto.

Vendedor: Mariela, si le parece bien, le muestro algunos desarrollos de Soluciones Tecnológicas. Por supuesto, cada organización tiene sus necesidades específicas; por eso, nosotros ofrecemos soluciones a medida, y esto es una gran ventaja para nuestros clientes. Garantizamos sistemas seguros y confiables.

(El vendedor utiliza su *notebook* para que el prospecto vea ejemplos concretos de trabajos realizados por la empresa, tales como sistemas para la inscripción de alumnos, de pagos, entre otros).

Prospecto: Ahora sí, me resulta más claro lo que me comentaba. ¿Sería tan amable de enviarme un presupuesto?

Vendedor: ¡Por supuesto! Esta semana le envío el presupuesto para optimizar la plataforma de *e-learning* del hospital y desarrollar un sistema de inscripción y otro de pagos.

Prospecto: Muchas gracias Ezequiel. Quedo a la espera del presupuesto. Que tenga un buen día.

Vendedor: Al contrario, gracias a usted. Seguimos en contacto.

Propuesta

Luego de leer la situación reflexione a partir de los siguientes interrogantes.

- ¿Qué análisis puede hacer usted de este encuentro cara a cara?
- ¿Cómo fue la comunicación entre ambas personas al iniciar el contacto?
- ¿A qué indicios relacionales apeló el vendedor?
- ¿Qué estrategias aplicó para manejar la presentación inicial de los beneficios del producto?

Tercera parte: desarrollando empatía

Propuesta

La empatía es un aspecto clave de la comunicación humana, ya que permite sentir e interpretar la realidad del otro, y actuar en consecuencia. Lea nuevamente la entrevista inicial entre Mariela y Ezequiel y luego responda:

¿Cuán empático fue el vendedor durante el encuentro? Identifique en la entrevista algunas frases que permitan inferir su empatía.

Cuarta parte: retroaccionando requerimientos

Propuesta

En neuroventas utilizamos la expresión retroacción para referirnos al procedimiento a través del cual el vendedor, en comunicación empática con el cliente, intenta descubrir cuáles son las necesidades que existen detrás de sus requerimientos. Lea nuevamente la entrevista inicial entre Mariela y Ezequiel, y luego responda:

¿Qué estrategias aplicó el vendedor para investigar cuáles son las verdaderas necesidades del hospital en materia tecnológica? Y usted… ¿qué acciones habría implementado?

Quinta parte: detectando la estrategia de compra del cliente

Las técnicas de retroacción y ampliación de la retroacción con condicionales son la base para detectar el secreto que todo vendedor de éxito debe develar antes de la venta propiamente dicha: la estrategia de compra del cliente.

Mariela se comunicó telefónicamente con Ezequiel, un día después de la primera entrevista que tuvieron cara a cara.

Contacto telefónico

Suena el interno del vendedor.

> **Vendedor:** Buenas tardes, soy Ezequiel Galíndez. ¿Con quién tengo el gusto de hablar?
> **Prospecto:** Hola Ezequiel, soy Mariela Vetne, del Hospital Central. ¿Me recuerda?
> **Vendedor:** ¡Por supuesto! Tengo presente nuestra conversación sobre la Escuela Virtual de Enfermería. ¿En qué puedo ayudarla?

Prospecto: Estuve reunida con el sector contable del hospital y me pidieron el presupuesto para el jueves a primera hora. ¿Podrá enviármelo ese día?

(Desde el lunes por la tarde el vendedor, junto con otros integrantes de la empresa, está armando el presupuesto, y ha observado que necesita datos más precisos para poder avanzar en una propuesta).

Vendedor: Mariela, claro que sí, estamos trabajando en eso. ¿Me permite una consulta?

Prospecto: Sí, dígame.

Vendedor: Usted me comentó que el hospital necesitaba optimizar la plataforma de *e-learning* ¿Quieren agregar algunas aplicaciones, mejorar algún recurso en particular...?

Prospecto: Sí, cierto... Me refería a actualizar la versión de la plataforma, cambiándole la parte estética, para que sea más atractiva y moderna. Hemos utilizado esta herramienta únicamente para uso interno, pero en unos meses lanzaremos el proyecto y tenemos que cuidar mucho nuestra imagen. ¡Llegaremos a todo el país, a través de la tecnología!

(Esta información es de suma importancia para el vendedor, porque lo ayuda a presupuestar con mayor precisión el servicio).

Vendedor: Ha sido muy clara, Mariela. ¿Estiman otros desarrollos en relación con la plataforma?

Prospecto: Sí, tenemos interés en incorporar un sistema de videoconferencia, pero no en este momento. Lo que más me inquieta ahora es ver lo que ustedes nos ofrecen y conocer los costos para poder evaluar mejor la propuesta. Tenemos que optar por un proveedor tecnológico cuanto antes, para llegar a término con todo.

Vendedor: Entiendo. Si le parece bien, este jueves a primera hora le envío el presupuesto y combinamos para reunirnos así vemos, a modo de muestra, desarrollos específicos para el hospital, y usted misma prueba su funcionamiento.

Prospecto: Muchas gracias Ezequiel. Me parece estupendo. Comuniquémonos, entonces, para agendar una reunión.

Propuesta

¿En qué medida el vendedor logró detectar la estrategia de compras del cliente?

Sexta parte: presentando el producto

En neuroventas, la presentación del producto debe "anclar" en las necesidades del cliente mediante los beneficios del producto. Si este procedimiento se realiza de manera adecuada, el éxito de la venta está prácticamente asegurado.

Llega el día en que Ezequiel Galíndez se reúne personalmente con Mariela Vetne, para presentarle desarrollos a medida hechos por la empresa del hospital.

Propuesta

Durante la presentación del producto, ¿qué ideas habrá expresado el vendedor para contemplar los tres aspectos clave que mencionamos a continuación?

1. Detectar cuáles son las necesidades que manifiesta el cliente.
   a. Entonces, ustedes aún no tienen en claro las funciones que requieren para cada sistema.
   b. Entonces, ustedes están pensando en tecnologías eficientes y amigables para la gente.
   c. Todas las anteriores.

2. Aplicar la retroacción para acordar los términos con los cuales expresar las necesidades.
   a. Coincidimos en que el hospital necesita optimizar su tecnología para lanzar la escuela virtual.
   b. Por supuesto, somos la empresa más confiable del mercado en materia tecnológica.
   c. Todas las anteriores.

3. Describir las cualidades del producto.
   a. Este nuevo *look and feel* para su plataforma resultará atractivo y moderno para los usuarios.
   b. Los sistemas de inscripción y de pagos que diseñamos son seguros y confiables; puede probarlos.
   c. Todas las anteriores.

Séptima parte: cerrando la venta y construyendo una relación permanente

En neuroventa, el cierre no es la concreción de una venta; es solo la concreción de una etapa en la relación con el cliente; y es una gran oportunidad para crear una relación duradera. La estructura del cierre de la venta debe seguir el procedimiento de decisión del cliente, en el orden que él elige y usando la terminología clave que emplea.

Mariela Vetne y Ezequiel Galíndez se han mantenido en contacto –vía mail y por teléfono– con motivo de la presupuestación del servicio tecnológico para poner en marcha la Escuela Virtual de Enfermería. Ezequiel respondió satisfactoriamente ante algunas objeciones que planteó Mariela, potencial cliente organizacional, y todo parece indicar la inminente concreción de la venta y el inicio de una relación comercial con el hospital.

Propuesta

¿Qué podría hacer Ezequiel para posibilitarle a Mariela el inicio del proceso de cierre?

1. Mariela en varias oportunidades manifestó la necesidad de avanzar rápido con el proyecto, por eso Ezequiel tiene que haber sido capaz de detectar que el estilo de salida del cliente es:
   a. General, porque es una persona que tiende a ver más lo general que los detalles.
   b. Externo, debido a que es proclive a ser influenciada por el vendedor.
   c. Proactivo, ya que es una persona orientada a la acción.
2. El vendedor tiene que haber observado que los beneficios emocionales del producto para este potencial cliente organizacional son:
   a. Seguridad.
   b. Confianza.
   c. Todas las anteriores.
3. ¿Qué podría hacer el vendedor para que Mariela tome el timón e inicie el cierre de la venta?
   a. Apelar a la necesidad organizacional en materia de tiempos.
   b. Recordar cualidades del producto vinculadas con los requerimientos del hospital.
   c. Todas las anteriores.

Orientación de respuesta

<<<<<<<<<<<<<<<<<<<<<<<<<<<<<<<<<<<<<<<<<<<<<<<<<<<<<<<<<<<<<<<<<<<<<<<

Caso Nº 1: Como te ven, te tratan...

Orientación de respuesta

Seguramente habrá podido contestar con varios de los problemas con que se enfrentan los vendedores, y habrá encontrado que estas tareas les resultarán difíciles a ambos, Alejandra y Florencia, debido a que no están emocionalmente enfocados.

Como vendedor entrenado, usted puede encontrar una solución a estos problemas comenzando por repasar los diversos pasos para una venta neurorrelacional.

a. Es normal que todo vendedor, como en cualquier profesión, se vea afectado por su vida personal. Siempre la recomendación es buscar el equilibrio y la plenitud en todos nuestros ámbitos, ya que es más fácil reflejarlo en nuestro entorno laboral. Cuando esto no es posible, la primera etapa es prepararnos para el contacto, apartar aquello que no nos ayuda y enfocarnos en nuestra imagen y nuestro estado mental, para proyectar la mejor imagen. Somos el producto como vendedores y el producto debe ser presentado de la mejor forma posible. Esto debe sumarse a proyectar una imagen positiva acorde a nuestro producto.

b. Es difícil trabajar la empatía, escuchar al cliente o estar atento a sus preguntas y objeciones cuando en nuestra vida tenemos demasiadas objeciones sin resolver o demasiados problemas que afectan nuestra capacidad empática. También es una realidad que las situaciones negativas se realimentan si no se les da un corte, como si fueran una bola de nieve, al igual que sucede con las positivas; por eso decimos que el éxito llama al éxito, como si se tratara de una metáfora de las neuronas espejo. Como vendedores neurorrelacionales, también entendemos que incluso el cliente puede estar viviendo ese momento. Pero si trabajamos la parte de preparación personal hábilmente, en ese momento podremos crear un espacio nuevo con el cliente, enfocando nuestros esfuerzos en escucharlo y responderle empáticamente. Incluso podemos aprovechar esa energía para alimentarnos positivamente y generar un ambiente propicio para el cierre. En la empatía es clave sentir como siente el cliente, demostrarlo y llevarlo a un espacio positivo. Si logramos que el cliente se sienta motivado y en armonía, también nos permitirá alimentarnos positivamente y llevar esa sensación de éxito a nuestro ámbito personal y generar un efecto contagio positivo.

c. El nivel de atención y escucha naturalmente estará afectado por nuestros intereses o preocupaciones de forma inevitable, y si solo tenemos presente la necesidad de reflexionar sobre nuestra vida personal, difícilmente brindemos al cliente lo que espera. Sin embargo, como vendedores también podemos recordar el interés que tenemos en realizar la venta, tener éxito al incorporar un nuevo cliente y lo que ello implica para nuestra red de contactos. Es en ese interés en que nos enfocaremos en ese momento, conscientes de que del nivel de atención que le prestemos al prospecto dependerá que logremos nuestro objetivo, también una de nuestras preocupaciones.

d. En condiciones normales, si el vendedor atento a sus propios problemas no brinda una buena atención, incluso aunque no logre cerrar la venta, tampoco logrará generar una relación a largo plazo con el cliente. Pero manteniéndose fiel a su estrategia y a las diversas etapas necesarias para construir esa relación, incluso las mayores dificultades pueden ser superadas. Si a pesar de las dudas o problemas, el vendedor ha logrado prepararse con éxito para el contacto, ha trabajado hábilmente la empatía con el cliente, y ha logrado mantener su atención en el cliente, aun cuando la venta no se cierre, el cliente se sentirá a gusto y confiado para reiterar la experiencia o recomendar al vendedor.

Caso N° 2: ¡Me quiero ir!

La empresa que está preparándose para desarrollar todos los pasos del contacto es la B. No obstante, la invitación de la C, aunque sutil, puede dar buenos resultados.

La empresa B busca vender directamente al cliente, llevarlo a un espacio donde pueda desarrollarse una venta propiamente dicha, interactuar con el cliente y saber qué busca para ofrecerle la opción más adecuada.

La empresa C da por sentado que el cliente quiere lo que pide, ofrece toda la información y traslada todo el proceso inicial de la venta al mismo. El riesgo en este caso es que, si Edwin no busca específicamente esto, si otra empresa lo descubre, aunque sea por casualidad, lo atraerá más fácilmente.

Las preguntas que hará el vendedor son clave, deben apuntar a dos aspectos:

• Conocer al cliente y sus necesidades reales.
• Motivar al cliente y venderle.

Solo escuchando o preguntando, se puede generar en un cliente nuevos interrogantes, deseos diferentes, voluntad de compra, un proceso de retroacción para descubrir lo que realmente necesita. Por ello es tan importante ser acertados en este proceso. Si bien en esta respuesta por e-mail el vendedor no puede desarrollar demasiado la venta, sí puede generar interés suficiente para continuarla. Uno de los primeros pasos, como hemos visto, es generar la sensación de que nos interesa y que lo estamos escuchando, como el vendedor B.

Recuerde que cada cliente es único. Lo que todos comparten es que para que nos compren debemos ser proactivos.

Caso N° 3: El momento soñado

Usted habrá podido analizar si se cumplen las etapas en función de la interpretación que haga del caso. Por ejemplo, podrá decir que "preparar el contacto" está implícito en vivir cerca del espacio de trabajo, o no, como podrá entender que "iniciar la relación" es un paso que se cumple a partir de la llamada o intercambio de e-mail que se realiza para invitar al potencial cliente o incluso en la primera visita.

Sin embargo, lo más importante no es el cumplimiento formal del paso, si no lo que este implica. Por ejemplo, preparar el contacto implica una preparación personal integral, prepararse para la venta como vendedor, disponerse para el éxito. Esto puede lograrse con una rutina diaria específica, o con ejercicios que realice en su viaje al trabajo. El objetivo es lograr que, al final de ese proceso, usted esté preparado.

Estos pasos son a la vez lo que el vendedor realiza con cada cliente en cada contacto y como acción general. En otras palabras, además de llevar adelante todas las etapas para una venta exitosa en cada venta, también lo hacemos con cada cliente aun cuando no haya ventas, o cuando estamos frente a una venta con varias etapas, como es este caso (o el caso de muchos otros artículos: productos técnicos como equipamiento o insumos para laboratorios).

Considerando el tema del perfil, si usted contestó formal o informal, es correcto dependiendo de la etapa de la venta. En algunas etapas, como cuando detecta la estrategia del cliente o presenta el producto, especialmente trabajando desde la empatía, es recomendable aumentar la informalidad. En cambio, cuando debe negociar tarifas o generar el primer contacto, es recomendable que aumente un poco la formalidad en función de las preferencias comunicacionales del cliente, que son las que finalmente determinarán de qué forma se desarrollará la venta.

Caso N° 4: Mi primera experiencia

Primera parte: la relación vendedor-comprador, en una entrevista para la adquisición de un plan médico

Orientación de respuesta

La vendedora se comportó profesionalmente, generando un ambiente relajado y empático con la cliente. Preparó un material adecuado a lo que su experiencia le ha enseñado, haciendo una selección reducida pero suficientemente amplia como para que la cliente eligiera. También permite que se exprese libremente, posibilitando trasladar la sensación de un diálogo fluido con una vendedora interesada (recuerde que un buen conversador es aquel que escucha y transmite interés, y un vendedor exitoso sabe escuchar).

Analizando al cliente, un buen vendedor hubiera detectado que se encuentra frente a una persona que está casi decidida a comprar, pero necesita un empujón pequeño, para ahuyentar temores, incluso de precios. La estrategia de presentar la mejor opción entre otras dos ofertas, una más cara y otra más barata, ayuda a generar decisión en el cliente y orientarla hacia esa opción. Por otro lado, la vendedora no resalta los defectos del competidor, sino que resalta las virtudes de su propia oferta, que resuelven los defectos de la otra. Todo esto resulta fácil si el vendedor estuvo atento a las necesidades del cliente y las profundiza: quiere mejorar su nivel de vida con la cobertura médica, necesita comodidad y busca sentirse segura con su decisión.

El vendedor cerró esta etapa de la venta correcta y exitosamente.

Segunda parte: la relación vendedor-comprador, en etapas posteriores

Orientación de respuesta

Tanto la vendedora como la empresa fallaron en la atención del cliente en varios puntos, todos ellos en el espacio más sensible del cliente: cuando espera que le entreguen el producto que ya ha contratado.

En una venta tipo, esto difícilmente suceda en forma incorrecta, ya que no hay demora entre el pago y la prestación del servicio o entrega del producto. Pero en otros casos como seguros, medicina, o compra de bienes como inmuebles, vehículos o electrodomésticos grandes, este es un espacio a cuidar. Y en casi todos los casos de compras online o telefónicas, se da la misma situación. Por ello es tan común escuchar clientes quejándose de empresas a las que compran con un proceso de venta excelente, pero que luego muestran una logística deficiente y descuidada, tanto en la entrega como en la atención posventa.

Es el mismo caso. Todo el proceso de venta se encuentra cuidado y lubricado, pero una vez que la venta se cierra, algunos vendedores y empresas descuidan completamente la atención, delegándola en procesos administrativos que no son cuidados. Este error es el que provoca un alto porcentaje de reducción en la fidelización de los clientes, ya que detona diversas sensaciones que luego repercuten en la imagen de la empresa, entre otras:

- Abandono, porque el vendedor o la empresa, reducen sustancialmente la calidad de la atención respecto al proceso de venta.
- "Engaño", porque las promesas realizadas, incluso tácitas, no se cumplen como tales. O cuando se le miente al cliente, como en el caso de María Gabriela.
- Enojo, cuando el cliente recibe un trato deficiente, sin empatía de un vendedor que ya no se interesa o de un sector de la empresa que no está orientada al cliente.

Estas sensaciones detonan marcadores somáticos que afectan las percepciones del cliente. Aunque un vendedor no entienda a veces por qué el cliente está ofuscado o asustado, es imprescindible que desarrolle una actitud empática para canalizar esas sensaciones y desactivarlas, ya que no solo pierde un cliente y un recomendador, sino que gana un cliente insatisfecho.

Otro error común de los vendedores con poca experiencia, pero fácilmente superable, es cuando excusan sus errores con problemas ajenos al cliente. Este tipo de recursos a veces funciona cuando la iniciativa es de parte del vendedor: él llama y explica que hubo o habrá un problema por un motivo específico que generará un perjuicio determinado. En cambio, cuando el vendedor solo reacciona, permitiendo que el cliente se encuentre con el problema y no le advierte o se excusa antes que el mismo cliente tome la iniciativa, es muy poco probable que le crea o acepte la explicación como algo más que una excusa. Esta es una regla general cuando construimos relaciones, y muy válida en ventas.

La mejor forma, y más económica, de compensar estas soluciones es la de evitar que empeoren o se agraven, adelantándose y preparando al cliente, conteniéndolo y llevándole tranquilidad. La carga de realizar una llamada de control periódica por parte de un vendedor activo es comúnmente baja, pero muy efectiva. Otro tipo de compensaciones, cuando la empresa lo permite, pueden funcionar, pero no tanto como la prevención.

Caso N° 5: El hospital de la solución

Orientación de respuesta

Primera parte: preparando el contacto...

1. **Buscar confianza en sí mismo**
   a. Recordando momentos exitosos y felices para generar un estado de ánimo positivo que impacte favorablemente en el vendedor, y también en el cliente.
   b. Visualizando situaciones reales o ficticias placenteras, porque esto ayudará al vendedor a tener optimismo, tranquilidad y seguridad al iniciar el contacto con el cliente.
   c. **Todas las anteriores.**
2. **Disponerse interiormente para el éxito, por ejemplo**
   a. Visualizando nuevamente algunas situaciones personales exitosas que dejaron una huella en la memoria.
   b. **Cuidando la postura corporal, ya que refleja el estado de ánimo y predispone al vendedor al éxito o al fracaso durante el proceso de venta.**
   c. Ninguna de las anteriores.
3. **Prestar suma atención a su imagen personal**
   a. Cuidando el aseo, la prolijidad, la elegancia y el trato, ya que esto condiciona la respuesta del cliente a lo largo de la relación con el vendedor.

b. Eligiendo una vestimenta apropiada para el producto que ofrece y la empresa que representa, sintiéndose cómodo.

c. **Todas las anteriores**.

Además, es importante, por ejemplo, que el vendedor ingrese a la página web del hospital para obtener información sobre la organización y, específicamente, sobre las actividades que lleva adelante el área de Docencia e Investigación.

Segunda parte: iniciando la relación

Seguramente coincidirá con nosotros en que el momento inicial de la entrevista entre el prospecto y el vendedor fue bueno, en tanto que ambas personas pudieron comunicarse. Fueron corteses entre sí, sonrieron al saludarse... El vendedor escuchó las intervenciones del prospecto, y comenzó a generarse *rapport* entre ellos.

El principal indicio relacional al que apeló el vendedor está ligado a los vínculos personales con el hospital, tanto del prospecto como propios del vendedor.

Por otra parte, el vendedor aplicó diversas estrategias para manejar la presentación inicial de los beneficios del producto, entre ellas:

- Se presenta y enseguida menciona el propósito del encuentro: "... Mi nombre es Ezequiel Galíndez"; integro el área comercial de Soluciones Tecnológicas. Me alegra encontrarnos para conversar sobre las necesidades del hospital en materia tecnológica".
- Llama al prospecto por su nombre: Mariela.
- Detecta que la vía de comunicación preferencial del prospecto es la visual y le permite ver una muestra del producto.
- Utiliza palabras-poder ("dinamismo, ventaja, seguros, confiables") que tienen fuerza por sí mismas e influyen positivamente en el cliente.

Tercera parte: desarrollando empatía

Aquí le presentamos algunas de las frases que permiten inferir la empatía del vendedor.

Son las 9.20. Mariela acaba de llegar al bar y Ezequiel Galíndez ya se encuentra en el lugar. (Mariela tuvo una buena impresión por la puntualidad del vendedor).
Prospecto: Soy Mariela Vetne. Buen día, encantada.
(Ambas personas se saludan amablemente, con una sonrisa).
Vendedor: Igualmente. Mi nombre es Ezequiel Galíndez; integro el área comercial de Soluciones Tecnológicas. Me alegra encontrarnos para conversar sobre las necesidades del hospital en materia tecnológica.

Prospecto: ¿Nos sentamos por aquí? (El prospecto delimita la distancia zonal y podemos deducir que el vendedor la respeta). ¿Conocía el hospital?

Vendedor: ¡Sí! Vine muchas veces con mis padres durante mi infancia, porque vivíamos por la zona. ¡Guardo tantos recuerdos...!: cuando operaron a mamá, cuando me atendía el pediatra... Con ver la fachada del edificio se nota lo cambiado que está todo. ¿Verdad?

Prospecto: Es cierto. En los últimos años las instalaciones se renovaron para incorporar consultorios externos nuevos y para ampliar la sala de terapia intensiva. Yo también conozco el hospital desde hace años. ¡Nací aquí, y nunca me hubiese imaginado que trabajaría en esta institución!

Vendedor: ¿Desea tomar un café?

Prospecto: Sí, muchas gracias.

(Ezequiel llama al mozo y le pide dos cafés).

Prospecto: En este momento, como le comentaba por teléfono, estamos trabajando intensamente para abrir la Escuela Virtual de Enfermería y necesitamos avanzar con el soporte tecnológico.

Vendedor: Mariela, comprendo; es un proyecto muy importante no solo para el hospital, sino para todo el país. Imagino cómo va a impactar esta propuesta en tanta gente que quiere capacitarse.

Prospecto: Desde ya. Hace tiempo que recibimos consultas de personas que nos preguntan por la carrera y nos manifiestan su imposibilidad para cursarla, porque no pueden trasladarse a la ciudad, tienen problemas con los horarios, entre otras cosas. Y bueno... es momento de dar respuesta a esta demanda. ¿Qué experiencia tienen ustedes con tecnología para el área educativa y de salud? ¿Estarán en condiciones de brindar soporte para llevar adelante una propuesta académica virtual?

Vendedor: No se preocupe, porque tenemos experiencia en el desarrollo y también en la adaptación de sistemas para implementar proyectos virtuales, brindando el soporte técnico a los clientes. (El uso de la expresión "no se preocupe" por parte del vendedor demuestra su capacidad para registrar las emociones del prospecto y actuar en consecuencia). **Hemos colaborado con laboratorios interesados en brindar capacitación a visitadores médicos de todo el país, a través de plataformas de *e-learning*. Una de las características de la tecnología es su dinamismo, por eso quienes trabajamos en esta área estamos acostumbrados al cambio constante. Es un aprendizaje permanente.**

Prospecto: Entiendo. Me da tranquilidad saber que son expertos en el tema, pero quisiera ver alguna experiencia. Nosotros necesitamos un proveedor que optimice nuestra plataforma de *e-learning* y desarrolle un sistema de inscripción y otro de pagos, al menos en esta etapa inicial del proyecto.

Vendedor: Mariela, si le parece bien, le muestro algunos desarrollos de Soluciones Tecnológicas. Por supuesto, cada organización tiene sus necesidades específicas; por eso, nosotros ofrecemos soluciones a medida, y esto es una gran ventaja para nuestros clientes. Garantizamos sistemas seguros y confiables.

(El vendedor utiliza su *notebook* para que el prospecto vea ejemplos concretos de trabajos realizados por la empresa, tales como sistemas de inscripciones de alumnos, de pagos, entre otros).

Prospecto: Ahora sí, me resulta más claro lo que me comentaba. ¿Sería tan amable de enviarme un presupuesto?

Vendedor: ¡Por supuesto! Esta semana le envío el presupuesto para optimizar la plataforma de *e-learning* del hospital y desarrollar un sistema de inscripción y otro de pagos. (El vendedor confirma el objetivo específico que los convoca [a él y al prospecto]. El vendedor se compromete a enviar al prospecto el presupuesto requerido, en un lapso de tiempo acordado).

Prospecto: Muchas gracias Ezequiel. Quedo a la espera del presupuesto. Que tenga un buen día.

Vendedor: Al contrario, gracias a usted. Seguimos en contacto.

Cuarta parte: retroaccionando requerimientos

En esta primera entrevista, como podemos observar en los siguientes fragmentos, el vendedor tomó en cuenta los requerimientos del prospecto, pero no se detuvo a descubrir cuáles eran las necesidades subyacentes.

Prospecto: En este momento, como le comentaba por teléfono, estamos trabajando intensamente para abrir la Escuela Virtual de Enfermería y **necesitamos** avanzar con el **soporte tecnológico.**
Vendedor: Mariela, comprendo; es un proyecto muy importante no solo para el hospital, sino para todo el país. Imagino cómo va a impactar esta propuesta en tanta gente que quiere capacitarse.

Prospecto: Entiendo. Me da tranquilidad saber que son expertos en el tema, pero quisiera ver alguna experiencia. Nosotros **necesitamos un proveedor que optimice nuestra plataforma de *e-learning* y desarrolle un sistema de inscripción y otro de pagos,** al menos en esta etapa inicial del proyecto.
Vendedor: Mariela, si le parece bien, le muestro algunos desarrollos de Soluciones Tecnológicas. Por supuesto, cada organización tiene sus necesidades; por eso, nosotros ofrecemos soluciones a medida, y esto es una gran ventaja para nuestros clientes. Garantizamos sistemas seguros y confiables.

El vendedor no logró, al menos en esta entrevista, detectar:

- si el **soporte tecnológico** se refiere, por ejemplo, a
  - "aportar" el servidor para soportar la plataforma,
  - brindar una mesa de ayuda a los usuarios,
  - desarrollar pedidos específicos del cliente.

- si **optimizar la plataforma de *e-learning*** equivale, entre otras cosas, a
  - agregar determinadas aplicaciones,
  - mejorar algún recurso en particular,
  - actualizar la plataforma.

- si **desarrollar un sistema de inscripción y otro de pagos** implica, por ejemplo
  - diseñar sistemas nuevos con las opciones requeridas por el cliente,
  - complementar los sistemas con otras aplicaciones del hospital,
  - adaptar los sistemas del hospital.

Seguramente usted, en esta situación, como vendedor, hubiese puesto en práctica la técnica de retroacción, formulando preguntas, expresando argumentos, palabras y frases pertinentes, y registrando, a su vez, los gestos del interlocutor.

Quinta parte: detectando la estrategia de compra del cliente

Usted coincidirá con nosotros en que el vendedor aprovechó la llamada telefónica del prospecto como una oportunidad para descubrir su estrategia de compra.

Ezequiel infiere que el prospecto espera que la promesa del nuevo producto se haga evidente. Necesita verlo, probarlo. Además, afirma compromisos mutuos y procedimientos, y consigue una entrevista cara a cara para presentarle el producto.

Sexta parte: presentando el producto

1. **Detectar cuáles son las necesidades que manifiesta el cliente.**
   a. Entonces, ustedes aún no tienen muy en claro las funciones necesarias para cada sistema.
   b. **Entonces, ustedes están pensando en tecnologías eficientes y amigables para la gente.**
   c. Todas las anteriores.
2. **Aplicar la retroacción para acordar los términos con los cuales expresarlas.**
   a. **Coincidimos en que el hospital necesita optimizar su tecnología para lanzar la escuela virtual.**
   b. Por supuesto, somos la empresa más confiable del mercado en materia tecnológica.
   c. Todas las anteriores.
3. **Describir las cualidades del producto que el vendedor le está presentando.**
   a. Este nuevo *look and feel* para su plataforma resultará atractivo y moderno para los usuarios.
   b. Los sistemas de inscripción y de pagos que diseñamos son seguros y confiables; puede probarlos.
   c. **Todas las anteriores.**

Séptima parte: cerrando la venta y construyendo una relación permanente

1. En varias oportunidades Mariela Vetne manifestó la necesidad de avanzar rápido con el proyecto, por eso Ezequiel tiene que haber sido capaz de detectar que el estilo de salida del cliente es:
   a. General, porque es una persona que tiende a ver más lo general que los detalles.
   b. Externo, debido a que es proclive a ser influenciada por el vendedor.
   c. **Proactivo, ya que es una persona orientada a la acción.**

2. El vendedor tiene que haber observado que los beneficios emocionales del producto para este potencial cliente organizacional son:
   a. Seguridad.
   b. Confianza.
   c. **Todas los anteriores**.
3. ¿Qué podría hacer el vendedor para que Mariela tome el timón e inicie el cierre de la venta?
   a. Apelar a la necesidad organizacional en materia de tiempos.
   b. Recordar cualidades del producto vinculadas con la necesidad del hospital.
   c. **Todas las anteriores**.

Sobre el autor

Néstor Braidot es investigador, conferencista, académico, consultor y escritor. Ha dedicado la mayor parte de su vida profesional a aplicar los avances de las neurociencias al desarrollo de organizaciones y personas en temas de su especialidad, entre ellos, neuroliderazgo, neuromanagement, neuromarketing y entrenamiento cerebral.

Ha obtenido importantes reconocimientos internacionales por el desarrollo de metodologías avanzadas que se implementan en diversos países de Latinoamérica y el mundo, donde dicta conferencias, cursos y talleres, y se desempeñó como catedrático y profesor invitado en universidades de prestigio internacional.

Es director del Instituto Braidot de Formación, que cuenta con su propio centro de entrenamiento cerebral, y de la organización Braidot Business & Neurosciences International Network, con sedes en España e Hispanoamérica.